"十三五"国家重点图书出版规划项目
改革发展项目库2017年入库项目

"金土地"新农村书系·**果树编**

荔枝龙眼
病虫害原色图说

林锦何　叶翰江　李花　蔡明段　主编

广东科技出版社｜全国优秀出版社
·广 州·

图书在版编目（CIP）数据

荔枝龙眼病虫害原色图说 / 林锦何等主编. —广州：广东科技出版社，2017.10（2021.8 重印）
（"金土地"新农村书系·果树编）
ISBN 978-7-5359-6779-4

Ⅰ. ①荔…　Ⅱ. ①林…　Ⅲ. ①荔枝—病虫害防治—图谱②龙眼—病虫害防治—图谱　Ⅳ. ① S436.67-64

中国版本图书馆 CIP 数据核字（2017）第 197533 号

荔枝龙眼病虫害原色图说
Lizhi Longyan Bingchonghai Yuanse Tushuo

出 版 人：朱文清
责任编辑：罗孝政　区燕宜　于　焦
封面设计：柳国雄
责任校对：陈　静
责任印制：彭海波
出版发行：广东科技出版社
　　　　　（广州市环市东路水荫路 11 号　邮政编码：510075）
销售热线：020-37592148/37607413
http://www.gdstp.com.cn
E-mail：gdkjzbb@gdstp.com.cn
经　　销：广东新华发行集团股份有限公司
印　　刷：广州市东盛彩印有限公司
　　　　　（广州市增城区新塘镇太平十路二号　邮政编码：510700）
规　　格：889mm×1 194mm　1/32　印张 6.625　字数 150 千
版　　次：2017 年 10 月第 1 版
　　　　　2021 年 8 月第 3 次印刷
定　　价：35.00 元

如发现因印装质量问题影响阅读，请与承印厂联系调换。

编委会

(按姓氏拼音排序)

蔡明段	古幸福	黄远雄	李　花	李吉兴
林锦何	吴添乐	温益军	叶翰江	叶玉平
余丽华	曾环标	曾伟如	张辉卡	张思伟

惠州市惠阳区人民政府曾国华副区长作出批示：

此书是惠阳区农业工作者首本出版的果树学图说书籍，将作者多年劳动成果分享给广大果农，对做好荔枝、龙眼病虫害防治具有一定的指导作用！

曾国华
2017年6月6日.

祝 贺 信

叶翰江、林锦何、李花等同志：

　　经惠阳区水果生产办公室叶翰江主任介绍，《荔枝龙眼病虫害原色图说》一书准备由广东科技出版社出版，作为农业机关党委书记、农业局局长本人倍感兴奋，特写此信表示祝贺。《荔枝龙眼病虫害原色图说》通过图文并茂的方式直观生动地介绍了荔枝、龙眼病虫的发生规律、形态特征、防治方法及农药使用，对我区荔枝、龙眼病虫害的防治极具参考意义。此书也是我区农业行业首部由我区农业工作者编写出版的果树学图说书籍，在此我谨代表惠阳区农业机关党委、惠阳区农业局对此书的出版与付出辛勤劳动的所有人员表示崇高的敬意与衷心的祝贺。希望叶翰江、林锦何、李花等同志继续努力、奋发向上，为我区农业的发展做出更大的贡献，也希望广大农业行业从业者开拓进取、撸起袖子加油干，为我区农业不断发展做出努力。

　　最后祝：此书圆满出版，惠阳区农业发展蒸蒸日上、勇创佳绩！

惠阳区农业机关党委书记
惠阳区农业局局长
2017年6月5日

叶翰江研究员作诗自勉

精湛佳作字玲珑，
笔走龙蛇图说工。
拔萃书魂花绚丽，
斐然雅韵果盈丰。
有成学识沧桑奕，
无价担当骏业隆。
欲把心言留后世，
须倾慧毅再专攻。

前　言

荔枝、龙眼是我国南方独具特色的热带水果，因其果实风味清甜浓郁、营养价值高而深受人们的喜爱。2017年惠州市荔枝、龙眼种植面积达4.4万公顷（其中荔枝2.87万公顷，龙眼1.53万公顷）占全市水果种植面积的一半以上。荔枝、龙眼的种植对促进南方农村经济增长、社会发展、农民增收致富有着深远的意义。

随着荔枝、龙眼生产的发展，种植面积的扩大、生态环境的变化，为害荔枝、龙眼的病虫害的发生也随之突出，如荔枝霜疫霉病、荔枝蒂蛀虫、龙眼角颊木虱等等已成为众多果农的一块心病。如何准确识别荔枝、龙眼病虫害，及时进行有效防治，生产出优质、绿色安全的果实，确保荔枝、龙眼生产可持续发展是我们共同关心的，也是共同面临的难题。我们结合长期对荔枝、龙眼病虫害防治所积累的经验，广泛收集资料，以图片为主、图文并茂的方式编写了《荔枝龙眼病虫害原色图说》。全书总共收录了荔枝、龙眼常见病害15种，虫害28类68种，选配原色生态照片近300幅，主要介绍荔枝、龙眼常见病害的发生情况、症状、病原、发生规律及防治方法，虫害所属科目、为害状、形态特征、生活习性、防治方法。希望能为广大果农提供一个有效的防治方案，给荔枝、龙眼的增产增收带来实实在在的好处。

本书的编写由叶翰江同志主持，他是农业技术推广研究员、全国科普惠农兴村带头人，果树专业毕业后一直在果树行业从事技术工作，三十多年来，先后获得全国农牧渔业丰收奖、广东省农业技术推广二等奖等多个奖项，发表论文20余篇。编写团队的林锦何、李花，均为华南农业大学果树学研究生，毕业后一直在农业一线工作，学术基础扎实，先后发表过SCI论文。本书在编写及出版过程中，得到农业技术

推广研究员蔡明段的大力支持与帮助,并得到惠州市惠阳区人民政府曾国华副区长的批示,惠阳区委组织部的高度重视与认可,惠阳区农业机关党委书记、惠阳区农业局局长林兴通的大力支持并写信祝贺。本书的出版还得到惠州市人大议案荔枝龙眼产业重点扶持专项计划的支持与资助。在此表示衷心的感谢与崇高的敬意!

由于编著者的水平有限,编写时间仓促,编写的内容和收集的图片还有不足之处,恳请读者批评指正。

编著者

2017 年 7 月 9 日

目录
Mulu

主要病害及其防治

荔枝霜疫霉病……………… 2
炭疽病…………………………… 5
酸腐病…………………………… 7
龙眼鬼帚病……………………… 9
煤烟病………………………… 12
叶斑病………………………… 15
地衣和苔藓…………………… 18
鸭头绿………………………… 20
裂果…………………………… 21
嫁接不亲和…………………… 23
缺氮症………………………… 24
缺镁症………………………… 25
冻害…………………………… 27
水害…………………………… 30
药害…………………………… 31

主要虫害及其防治

荔枝椿象……………………… 34
荔枝蒂蛀虫…………………… 38
尖细蛾………………………… 41

黄三角黑卷蛾………………… 43
灰白卷叶蛾…………………… 46
拟小黄卷叶蛾………………… 48
褐带长卷叶蛾………………… 51
圆角卷叶蛾…………………… 54
枯叶夜蛾……………………… 57
佩夜蛾………………………… 59
龙眼合夜蛾…………………… 62
粗胫翠尺蛾…………………… 64
大造桥虫……………………… 67
大钩翅尺蛾…………………… 70
暗绿粉尺蛾…………………… 72
波纹黄尺蛾…………………… 74
荔枝青尺蛾…………………… 76
油桐尺蠖……………………… 78
银星黄钩蛾…………………… 81
双线盗毒蛾…………………… 84
荔枝茸毒蛾…………………… 86
龙眼明毒蛾…………………… 88
闪电黄毒蛾…………………… 90
扁刺蛾………………………… 92
白痣姹刺蛾…………………… 94
大蓑蛾………………………… 96

1

茶蓑蛾 …………………………… 99	白轮盾蚧 ………………………… 147
白囊蓑蛾 ………………………… 102	银毛吹绵蚧 ……………………… 149
蜡彩蓑蛾 ………………………… 104	角蜡蚧 …………………………… 151
荔枝拟木蠹蛾 …………………… 106	龟蜡蚧 …………………………… 153
咖啡豹蠹蛾 ……………………… 109	砂皮球蚧 ………………………… 155
龙眼亥麦蛾 ……………………… 111	褐软蚧 …………………………… 156
荔枝干皮巢蛾 …………………… 114	蓟马 ……………………………… 158
龙眼蚁舟蛾 ……………………… 117	蚜虫 ……………………………… 160
细皮瘤蛾 ………………………… 119	金龟子 …………………………… 162
荔枝小灰蝶 ……………………… 121	小绿象甲 ………………………… 166
苹果灰蝶 ………………………… 123	芒果切叶象甲 …………………… 168
荔枝瘿螨 ………………………… 125	白蛾蜡蝉 ………………………… 170
龙眼瘿螨 ………………………… 128	青蛾蜡蝉 ………………………… 174
荔枝红蜘蛛 ……………………… 129	龙眼鸡 …………………………… 176
荔枝叶瘿蚊 ……………………… 131	龟背天牛 ………………………… 178
龙眼角颊木虱 …………………… 134	星天牛 …………………………… 181
黑刺粉虱 ………………………… 137	蔗根天牛 ………………………… 183
荔枝褶粉虱 ……………………… 139	茶材小蠹 ………………………… 185
螺旋粉虱 ………………………… 141	白蚁 ……………………………… 188
堆蜡粉蚧 ………………………… 143	蝙蝠 ……………………………… 191
垫囊绿绵蜡蚧 …………………… 145	胡蜂 ……………………………… 193

附录1 荔枝主要病虫害防治要点 ……………………………………………195
附录2 龙眼主要病虫害防治要点 ……………………………………………198

主要病害及其防治

荔枝霜疫霉病

荔枝霜疫霉病，又名霜霉病、疫病，是华南荔枝产区最严重的病害，主要为害近成熟的果实，贮运过程病害仍继续扩大发展，可造成严重的损失。荔枝霜疫霉病也为害花穗、幼果、果柄、结果小枝、叶片。

症状

幼果受害，先出现水渍状，后变黑褐色，很快脱落。近成熟果实和成熟果实受害，多从果蒂处先出现不规则褐斑，逐步扩大到全果，使全果呈褐色，病部遇潮湿天气长出白色霉状物，果肉腐烂发酸并有

● 荔枝果实霜疫霉病症状

● 荔枝霜疫霉病干燥气候条件下的病斑

● 荔枝花期霜疫霉病症状

● 荔枝霜疫霉病落果

褐色汁液渗出,病果易脱落。花穗受害后变褐、腐烂,潮湿时有白色霉状物。果柄和结果小枝受害,病部变褐色,病部与健部的界限不清楚。嫩叶发病,叶片上有不规则的淡黄色或褐色病斑,潮湿时长出白色霉状物;较老熟叶发病,常在中脉处断断续续变黑,沿中脉出现褐色小斑点,后扩大为淡黄色不规则的病斑;完全老熟的叶片不受害。

🍃 病原

荔枝霜疫霉病病原为 *Peronophythora litchii* Chen ex Ko et al,为鞭毛菌亚门霜疫霉属真菌。

发生规律

荔枝霜疫霉病整个侵染过程的首要条件是高湿度，侵入时间极短。病菌侵入后，在自然条件下，病菌主要依靠孢子囊释放产生的游动孢子通过风雨传播。再侵染频繁是该病发生严重的原因之一。病害的大发生与雨水关系密切，尤其在花期或果实成熟期遇雨水多或连续降雨且湿度大的天气，常常造成霜疫霉病的严重发生。地势低洼、排水不良、枝叶茂盛、结果多、荫蔽且不通风透光的果园发生严重。荔枝对霜疫霉病的敏感期为花期和果实转色成熟期，幼果期也可发病，但发病轻。

防治方法

➡ 新建果园应选择土层深厚、排水良好、向阳的地块，并要同时修建配套的排灌设施。

➡ 加强栽培管理，使果园通风透光良好。果实采收后抓紧把病虫枝、弱枝及过密的枝剪除。采果后至9月前清除地面上的落果、烂果、枯枝落叶，集中烧毁或深埋，防止卵孢子形成落入土中越冬，并喷1次0.3~0.5波美度石硫合剂、晶体石硫合剂150倍液或40%灭病威悬浮剂500倍液，以减少病源。冬季果园进行松土、培土、施肥，使树势长势健壮，增强抗病能力。3月至4月上旬在卵孢子萌发期，用1%硫酸铜溶液加0.1%洗衣粉溶液，或用30%氧氯化铜悬浮剂300倍液喷洒荔枝园地面，并加撒石灰。

➡ 抓准时机，喷药保护。上一年发病严重的果园，根据测报在花蕾期、幼果期和果实近成熟期各喷药1~2次，特别是近熟期和成熟期，遇多雨天气要抢晴天喷药保护。药剂可选用：70%甲基硫菌灵可湿性粉剂1 000倍液、50%多菌灵可湿性粉剂800倍液、80%代森锰锌可湿性粉剂600~800倍液、25%嘧菌酯（阿米西达）悬浮剂800~1 500倍液、50%烯酰吗啉（安克）可湿性粉剂1 000~2 000倍液或60%吡唑醚菌酯＋代森联（百泰）水分散粒剂800~1 500倍液等。

炭疽病

炭疽病为华南荔枝、龙眼产区的重要病害，可为害嫩叶、花穗、果实及幼苗。

症状

嫩叶受害，叶面呈暗褐色，叶背出现灰绿色、近圆形斑点，最后形成红褐色病斑，上生黑色小点；叶片受害，叶尖或叶缘出现黄褐色小圆斑，然后迅速向叶基扩展，形成大灰斑，其上有小黑点。嫩梢受害，病

● 龙眼叶片炭疽病

● 荔枝果实炭疽病

● 龙眼叶片炭疽病

部呈黑褐色，严重时整条嫩枝枯死，病、健部界限明显。花枝受害，花穗变褐、枯死。近成熟果实或采后的果实受害，果面出现黄褐色小点，后变成近圆形或不规则形的褐斑，边缘与健部分界不明显，后期果实变质、腐烂发酸，湿度大时在病部产生朱红色、针头状液点。

病原

炭疽病病原的无性阶段为 *Colletotrichum gloeosporioides* Penz，称胶孢炭疽菌，为半知菌亚门炭疽菌真菌。

发生规律

荔枝、龙眼幼苗期一年有3个发病高峰，即10月中下旬、12月中下旬和4月下旬至6月中旬。一般在春、秋多雨季节发生流行，冬季低温及夏、秋季干旱不利于其发生。秋末冬初，若温度偏高、雨天多，则越冬菌量大，翌年春季病害出现早，发生较严重；反之，则病害较轻。桂味、糯米糍、怀枝等品种易感染，而三月红、黑叶、水东等品种发病较轻。

防治方法

➡ 加强栽培管理。增施有机肥和磷钾肥，实行配方施肥，避免偏施氮肥，以增强树势，提高抗病能力。雨季果园要做好排除积水工作。冬季清园，修剪病枯枝，扫集落叶、落果，加以烧毁或深埋，并喷一次0.5~0.8波美度石硫合剂或40%灭病威悬浮剂500倍液。

➡ 适时喷药保护。春梢、夏梢、秋梢抽出后叶片初展时，花蕾期、幼果期（果径5~10毫米），每隔7~10天喷1次，连喷2~3次，大雨后加喷1次。4—5月结合防虫进行混合喷药，可收到防病治虫的效果。药剂可选用：70%甲基硫菌灵可湿性粉剂1 000倍液、50%多菌灵可湿性粉剂800倍液、50%施保功可湿性粉剂1 500倍液、45%咪鲜胺微乳剂1 500~2 000倍液或10%苯醚甲环唑（世高）水分散粒剂800~1 000倍液等。

酸腐病

酸腐病为荔枝、龙眼常见病之一,在全国荔枝、龙眼产区均有发生,果实受害后果肉腐烂变质。

🍃 症状

为害成熟果实,多从有伤口处开始发病,如受荔枝蒂蛀虫、荔枝椿象等虫害为害,初期病部呈褐色,后逐渐变为近圆形或不规则形的暗褐色病斑,病部逐渐扩大至全果,果肉腐烂,味酸臭。潮湿时病部上生长白色霉状物,紧贴于果皮,细粉状,而霜疫霉病形成的白霉较细疏,似白霜,这是与霜疫霉病相区别之处。

🍃 病原

荔枝龙眼酸腐病病原为 *Geotrichum candidum* Link.,称白地霉菌,为半知菌亚门真菌。

● 荔枝蒂蛀虫为害使龙眼果实发生酸腐病　　● 荔枝酸腐病果壳症状

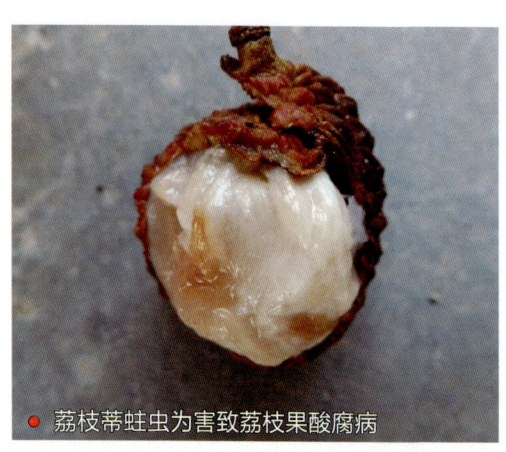

● 荔枝蒂蛀虫为害致荔枝果酸腐病

● 龙眼酸腐病的果肉症状

发生规律

病菌在落地病果、土壤中越冬，有一定的腐生性。在高温高湿条件下，分生孢子借助风雨和昆虫传播。荔枝椿象刺伤或荔枝蒂蛀虫蛀损的成熟果实均易使病菌从伤口侵入。另外，风雨吹袭、采收碰损及贮运过程接触与摩擦损伤，都是该病侵染传播的有利条件。

防治方法

➡ 加强栽培管理。在果实近熟期注意防治好荔枝椿象、荔枝蒂蛀虫，采果前喷70%硫菌灵可湿性粉剂+75%百菌清（1:1）可湿性粉剂1 000~1 500倍液或50%施保功可湿性粉剂1 000~1 500倍液。采收及贮运要尽量减少果实损伤。冬季清园时清除地下落果，减少病源。

➡ 浸药护果。采后的荔枝果实用双胍盐500~700倍液或75%抑霉唑1 000~1 500倍液+0.02% 2,4-D浸果1~2分钟，对防治本病有较好的效果。

➡ 贮藏运输过程中尽量避免砸伤和压伤。

龙眼鬼帚病

龙眼鬼帚病主要为害龙眼春梢与花穗，荔枝偶有发生。

症状

嫩梢受害，幼叶变狭小，淡绿色，叶缘卷曲不能展开，严重的全叶呈线状扭曲。成叶受害，羽状复叶的小叶柄常扁化变宽，叶片凹凸不平，卷曲皱缩，叶尖、叶缘向叶背卷曲，叶脉淡黄绿色，呈明脉现象，脉间呈不规则黄绿色斑驳。严重的畸形叶容易脱落，成为秃枝。秃枝节间短，所抽生的侧枝节间亦短，成为一丛无叶的枝群，状似扫帚，果农称之为"扫帚病""鬼帚病"等。花穗受害，节间缩短，致整个花穗丛生，花蕾多且畸形膨大，多数不开花结果，病穗干枯后常悬挂在枝梢上。

● 荔枝嫩叶鬼帚病

● 荔枝老叶鬼帚病

● 龙眼鬼帚病嫩叶症状

● 龙眼鬼帚病花穗症状

● 龙眼鬼帚病成熟叶片症状

● 龙眼鬼帚病花穗症状

🍃 病原

龙眼鬼帚病病原为 *Longan witches* broom virus（LWBV），称龙眼鬼帚病毒。

🍃 发生规律

主要通过嫁接传播，用二年生砧木嫁接病枝，经 7~8 个月就可发病。远距离传播主要靠苗木、接穗的调运。自然传播的媒介是荔枝椿象、龙眼角颊木虱、橄榄星室木虱等。管理粗放的果园，荔枝椿象、木虱为害严重的果园，以及树势衰弱的果园，容易发病。

🍃 防治方法

➡ 实行检疫。禁止从病区采购苗木、接穗和带病种子，以防此病传入新区。新区如发现病株，要及早挖除烧毁。

➡ 培育无病苗木。从无病母树上采种子做砧木，从无病、品质优良的母株采接穗进行嫁接育苗。

➡ 加强栽培管理。施足有机肥，适当增施磷钾肥，使树体生长健壮，提高抗病力。

➡ 加强虫害防治。嫩梢期及时喷药防治荔枝椿象和龙眼角颊木虱，减少传病媒介。

煤烟病

煤烟病为害荔枝、龙眼的枝、叶、果实,形成一层黑色霉层,阻碍光合作用,影响树势,降低果实品质。

症状

叶片受害,初期表现出暗褐色霉斑,继而向四周扩展成绒状的黑色霉层,严重时全叶被黑色霉状物覆盖,故称煤烟病。干旱时,部分煤烟层可自然脱落或容易剥离,剥离后叶表面仍为绿色。后期霉层上散生许多黑色小粒点或刚毛状突起。

● 白蛾蜡蝉若虫为害引起龙眼果实煤烟病

主要病害及其防治

🍃 病原

煤烟病病原有性阶段为子囊菌亚门,无性阶段属半知菌亚门,其种类多达10余种,其中除 *Meliola butleri* Syd.(称小煤炱菌)为纯寄生外,其余均为寄主表面附生菌,包括煤炱菌(*Capnodium* spp.)等。

🍃 发生规律

以菌丝体、分生孢子器和闭囊壳等在病部越冬。翌年在温湿度适宜的条件下,繁殖出孢子,并借风雨传播至寄主上,以介壳虫、白蛾蜡蝉、粉虱等害虫的分泌物为营养,生长繁殖,并循环侵染传播为害。有上述害虫发生的果园,有利于此病侵害流行。

🍃 防治方法

➡ 适当修剪,开天窗,使树冠通气透光。

➡ 及时防治介壳虫、粉虱、蚜虫等害虫。

➡ 药剂防治。可选用:10%吡虫啉可湿性粉剂1 200~1 500倍液或50%辛硫磷乳油1 000~1 200

● 介壳虫为害致荔枝果煤烟病

● 垫囊绿绵蚧为害引起荔枝煤烟病

● 堆蜡粉蚧为害引起龙眼煤烟病

● 荔枝椿象排泄物引起龙眼叶片煤烟病

● 银毛蚧为害引起荔枝煤烟病

倍液防治虫害，选用53.8%氢氧化铜可湿性粉剂（可杀得2000）900倍液等防治病害。

叶斑病

荔枝、龙眼成叶或老叶上常见的叶斑病有灰斑病、白星病、褐斑病、叶尖焦枯病等，在荔枝、龙眼产区均有不同程度的发生，严重时可导致落叶，使树势衰退，影响产量和品质。

灰斑病

灰斑病，也称多毛盘孢灰斑病、叶斑病。

症状 病斑多从叶尖向叶缘扩展，初期病斑圆形或椭圆形，赤褐色，后逐渐扩大，或数个病斑联成不规则的大病斑，后期病斑变为灰白色，病斑可见针头大小黑色粒点。叶背病斑灰褐色，不会出现朱红色液点。

● 龙眼叶灰斑病症状

病原 灰斑病病原为 *Pestalotiopsis pauciseta*（Speg.）Stey，为半知菌亚门拟盘多毛孢属真菌。

🍃 白星病

白星病，也称叶点霉灰枯病。

症状 初期叶面产生针头大小、圆形的褐色斑，后扩大变为灰白色，边缘褐色，斑点上面生有数个黑色小粒点。叶背病斑灰褐色，边缘不明显，病斑周围有时出现黄晕。

病原 白星病病原为 *Phyllosticta* sp.，为半知菌亚门叶点霉属真菌。

● 龙眼叶白星病症状

🍃 褐斑病

褐斑病，也称壳二孢褐斑病。

症状 初期产生圆形或不规则褐色小斑点,病斑扩大后,叶面病斑中央灰白色或淡褐色,边缘褐色。叶背病斑淡褐色,后期病斑上产生小黑点,常数个斑合成不规则大病斑,蔓延至叶基,引起落叶。

病原 褐斑病病原为 *Ascochyta* sp.,为半知菌亚门壳二孢属真菌。

🍃 发生规律

以分生孢子器、菌丝或分生孢子在病叶或落叶上越冬。分生孢子是初次侵染源,借风雨传播,在温湿度适宜条件下,分生孢子萌发后侵入叶片为害。此病以夏秋季发生较多,严重的可引起早期落叶。老果园、栽培管理差、排水不良、树势衰弱以及虫害严重的果园容易发病。

● 龙眼褐斑病症状

● 龙眼藻斑病症状

🍃 防治方法

➡ 加强栽培管理,增施有机肥,及时排除果园积水,提高树体抗病能力。老果园中的衰弱树进行更新修剪,并抓好清园工作,清除枯枝落叶,集中烧毁,以减少病源。

➡ 有发病史的果园,夏、秋季应及时喷药防治。药剂可选用:50%咪鲜胺锰盐可湿性粉剂1 000~1 500倍液、45%咪鲜胺微乳剂1 500~2 000倍液、70%代森锰锌可湿性粉剂500~700倍液或其他铜制剂。

地衣和苔藓

地衣和苔藓是管理粗放、低洼潮湿的荔枝龙眼园,尤其是荔枝龙眼老树上常见的寄生性病害。

症状

地衣是一种低等植物,它以青灰色或灰绿色的地衣叶状组织附生在树体枝干上,尤其是苔藓,吸取树体或叶的水分和养分。严重时枝干部分或大部分都可以被苔藓覆盖,影响植株正常生长,使树势衰退。

● 寄生在荔枝树干的苔藓

● 龙眼树干上的壳状地衣

主要病害及其防治

● 寄生在荔枝树干的叶状地衣

● 寄生在龙眼枝干上的苔藓

🍃 发生规律

老果园、失管果园或低洼潮湿、荫蔽的果园繁殖蔓延快，晚春初夏的4—6月为害最重，高温干旱、低温少雨时繁殖蔓延缓慢。

🍃 防治方法

➡ 过密果园要适当间伐修剪，剪除过密枝、阴生枝、枯枝，以利于通风降湿。

➡ 增施有机肥，增强树势，减轻发病，平地果园雨季及时排除积水。

➡ 严重发生果园，冬季进行树干涂白。春季雨后，用竹片或刷子刮除，并涂10%~15%石灰乳，或喷1%石灰等量式（1∶1∶100）波尔多液或其他铜制剂，还可试用80%乙蒜素乳油1 500倍液加有机硅800倍液作黏着剂喷布。

鸭头绿

为害荔枝果实,受害后,近果蒂到果肩附近暗绿色,并有黑色小点分布果面,农民称为"鸭头绿"或冠之为"胡须"桂味。受害果品质变化不大,但商品价值比较差。病因不详。

症状

为害桂味、怀枝等荔枝品种。果实受害后,近果蒂到果肩有较多黑色小点分布果面,斑点聚集区一般不转色,呈暗绿色,严重时整个果面变黑。受害果品质变化不大,但果实外观受影响较大,影响商品价值。

● 荔枝鸭头绿果实

病原

真菌病害(病原待定)。

发生规律

老的桂味荔枝树,荫蔽且瘿螨为害严重的果园比较常见。

防治方法

➡ 老树进行回缩更新,使枝条生长健壮;疏删过密枝条,使树冠通风透光,以减少鸭头绿发生。

➡ 喷药防治瘿螨害虫,也能减少鸭头绿的发生。

裂果

果实在生长发育过程至采收前出现果皮破裂,果肉暴露。一般年份,容易裂果的荔枝品种,其裂果率达 20%~30%,严重年份裂果率可达 70%~80%,给生产上造成很大损失。

症状

果实的果皮纵裂,也有横裂,由于裂果的果肉露出,易感染一些腐生的细菌或真菌,使果肉很快变质腐烂、脱落,不脱落的也会失去商品价值。

● 龙眼裂果

● 荔枝裂果

荔枝龙眼病虫害原色图说

🍃 发生规律

荔枝、龙眼裂果有3个相对集中时期：第1次裂果高峰发生在幼果期，也是果皮与种子生长时期，在雌花谢后25~30天。这一时期裂果，是种子、果皮生长速度不一致，果皮发育慢或果皮质量差而种子生长速度较快，造成果皮纵向破裂，常见种子突出果皮。第2次裂果高峰于雌花谢后50天左右，果肉进入纵向生长时期，此期可见果壳开裂，果肉突出。第3次裂果高峰出现在雌花谢后65~70天，即果肉横向生长期，此时果实将近成熟，裂果主要从果肩两边开裂。

🍃 防治方法

➡ 合理施肥，果实发育期除了按氮∶磷∶钾为1∶0.5∶1的比例配方施肥外，还需结合挂果量多少及时补充与果实发育密切相关的钙、硼、锌等元素。

➡ 科学用水，在果皮生长发育期及果肉迅速生长期，保持较稳定的土壤湿度和园区湿度，天气干旱时及时灌水，并结合树冠喷水。果实发育中、后期可适当覆盖地膜或杂草，避免因久旱骤雨或台风雨天气，使园区土壤、大气湿度急剧变化，使果肉果皮生长失去平衡而引起裂果。

➡ 果实发育中、后期适当断根、环割，削弱根系的活力，降低吸水、吸肥能力，可减少易裂果品种的裂果。

➡ 谢花后果皮发育阶段喷布护果使者1号，每包兑水20千克，隔10~15天再喷1次；果实发育中后期，喷1次护果使者2号，每包兑水20千克，隔20天再喷1次，可促进果实正常发育。

➡ 加强病虫害防治，特别是炭疽病、霜疫霉病的防治，可减少中、后期裂果。

嫁接不亲和

嫁接不亲和主要见于龙眼,荔枝不明显。

症状

在主干嫁接口以下,砧木生长比接口以上的接穗生长慢,形成砧木小而接穗大的主干,或嫁接口部肿大粗糙。嫁接不亲和植株,叶片稍增厚,黄绿色,枝梢短缩,植株生势弱,甚至不能正常生长结果,或结果数量少且无商品价值。

龙眼嫁接不亲和

防治方法

➡ 选用亲和性良好的砧木,如大核的龙眼种子作砧木。

➡ 采用低位嫁接。

➡ 苗木出圃时,剔除不亲和的嫁接苗。

龙眼嫁接砧穗不亲和

➡ 轻度不亲和的,可通过加强肥水管理,并在接口处用刀纵向刻伤处理或靠接亲和的砧木。

➡ 严重不亲和的植株要及时挖除。

荔枝龙眼病虫害原色图说

缺氮症

🍃 症状

当氮素不足时,新梢抽生短,转绿慢,叶片小,黄而薄,严重缺氮时主脉黄化,叶龄缩短,造成早落叶和加重生理落果,或果实小,品质差。长期缺氮时,树体抗逆性降低,造成早衰和死亡。

🍃 防治方法

➡ 增施有机肥,提高果园土壤肥力。

➡ 根据生长发育时期的需要,适时施用氮肥。也可按《荔枝、龙眼生产技术规程》推荐的标准:荔枝幼龄树 $N:P_2O_5:K_2O=1:(0.3~0.5):(0.4~0.8)$,结果树为 $1:(0.3~0.6):(1~1.5)$,龙眼结果树为 $1:(0.38~0.45):(1~1.5)$ 进行施肥。

➡ 每次抽梢期至叶片转绿前,适时、适量分次喷施0.3%~0.5%的尿素溶液或其他含氮量高的叶面肥,补充氮素。

• 龙眼树缺氮为主的缺肥症状

缺镁症

症状

老叶从叶尖开始,叶脉间的叶绿素褪色,形成"人"字形黄化带,仅叶基部保持三角形的绿色区,严重时绿色区很小,最后全叶黄化脱落。

龙眼树一般性营养缺乏症

防治方法

➡ 增施有机肥。

➡ 酸性土、沙质土施用适量石灰。

➡ 避免过量施用磷、钾肥。

荔枝龙眼病虫害原色图说

➡ 适当补充镁肥,每株0.75~1千克,也可与堆肥混施。在新梢抽出前后,叶面喷布0.1%~0.2%的硫酸镁溶液,在施有机肥时结合加入硫酸镁或含镁的其他肥料,以补充土壤镁的不足,以逐渐减轻缺镁症。

● 龙眼缺镁症

冻害

症状

荔枝、龙眼树的冻害与气温相关,冻害程度随气温下降而加重。当气温为0℃时,嫩叶、幼苗受冻害;-1.5℃时,老熟叶片受冻害;-2℃时,当年枝条受害干枯;-3℃持续3小时、连续2天以上,2~3年生枝条受害枯死;-4℃持续3小时、连续4天以上,树龄5~10年生的主干、主枝受害,甚至整株死亡;-6~-5℃持续3小时、连续5天以上,老龄树可能枯死。

● 荔枝树冻害

🍃 冻害程度分级

1级冻害 枝条不受害，叶片受害轻的主、侧脉变红褐色或仅叶面变白色，严重的叶片干枯。

2级冻害 当年生和2年生枝条受冻害，枝条的形成层组织受冻，坏死变褐，并渐干枯，叶片干枯。

3级冻害 3年生以上枝条受害，枝条形成层坏死变褐，逐渐干枯，有的裂皮，枝上叶片干枯。

4级冻害 二级以上主枝受冻害，枝条逐渐干枯，并有皮层爆裂，叶片全部干枯。

5级冻害 一级主枝及主干均受冻害，整株枯死。

● 早春低温荔枝嫩芽冻伤

● 荔枝冻害的枝条，皮层爆裂

发生规律

冻害的发生与气温降低的强度及持续时间有关,也与地理位置、地形地貌、方位、树龄树势、品种及栽培管理有关。同一产区,地域愈北的受害愈严重,愈南的愈轻;果园地势向南、周围有水体的,冻害较轻,向北的,冻害严重;谷地、低洼地冷空气易积聚的果园、苗圃,比高山、坡地或有大水体依托的果园受害重;一些平地果园,同一株龙眼树的南向树冠比北向树冠冻害重,南向叶片干枯,北向叶片青绿。幼苗、幼年树及植株新梢受害重;同一果园,由于晚上气温下降,雾水在枯叶上结一层冰,早上太阳高升,受阳光直射的影响,枝叶表面温度急升,细胞壁破裂失水,受害重,直射面小的受害轻,果园管理差、无控冬梢的受害重。

防治方法

➡ 选择适宜种植的区域和环境种植,种植地不能随意北移。

➡ 加强栽培管理,增施有机肥,培育壮健的结果母枝,控制冬梢抽生,并做好树盘培土覆盖、树干涂白等。

➡ 寒潮来临时,每 100 米^2 安排一个熏烟火堆,22:00 后点火熏烟或喷防冻药剂防冻,第 2 天早上及时向树冠喷水洗霜。

➡ 受害轻,在寒潮过后地面施速效肥,树冠喷叶面肥和核苷酸等,以利于恢复生长。

➡ 受害较重的(2~3 级)及早剪除冻害枝。大剪口用薄膜包扎,树干、大枝用稻草包扎保暖,减少水分散失,并加强淋水、施薄肥,待新芽抽出后,做好保梢工作。受害严重的(4 级)锯掉受害部分,保护好主干,适当淋水和施速效腐熟水肥,待长出新梢后做好保梢,并选留 3~4 条作主枝重新培养树冠,若在砧木部位锯断,则在长出新梢后,选择保留 2~3 条(树小保留 1 条)健壮新梢,其余的剪除。待新梢老熟后可以选择良种嫁接,培育新植株。受害特别严重的(5 级)植株,可及时挖除,补种新树。

荔枝龙眼病虫害原色图说

水害

水害是荔枝、龙眼园区因排水不良,长期积水导致烂根、树体衰弱,严重时枝条枯死,甚至植株死亡。结果树果实发育过程中,久旱遇骤雨,会造成裂果或引起落果。

🍃 防控方法

建园时,结合地形地势修筑排灌设施,避免种植后遇暴雨或长时间降雨而园内积水。在果园管理中应经常清理园区内外沟渠,保持排灌畅通,以防止裂果。

• 龙眼水害致枯死

主要病害及其防治

药害

农药、生长素或微肥在喷施时,使用浓度不当,或过高、过量、混合不当或在短期内多次重复使用,以及气温、物候期影响的情况下,都可能发生药害。

🍃 防控方法

使用药剂或叶面肥之前,先看清标签说明,然后结合荔枝、龙眼的物候期选配药剂、叶面肥的浓度;在喷施过程中,还应掌握天气、温度变化等随时调节使用浓度和喷药时间。

● 荔枝嫩叶2,4-D药害症状

- 荔枝叶片草胺磷药害致干枯
- 荔枝喷布控梢剂后发出的嫩芽畸形
- 采前喷布 70% 代森锰锌可湿性粉剂 500 倍液果实受药害变黑
- 龙眼叶片草甘膦药害

- 荔枝叶片草甘膦药害

主要虫害及其防治

荔枝椿象

荔枝椿象（*Tesaratoma papillosa* Drury），俗称臭屁虫，半翅目蝽科昆虫，为害荔枝、龙眼等果树。

为害状

成虫、若虫刺吸幼芽、嫩梢的汁液，影响正常生长，严重时新梢枯萎。刺吸花柄及幼果柄汁液，引起落花、落果。受惊时排出臭液，沾及嫩叶、花穗和幼果，造成焦褐色灼伤斑。其为害的伤口，有利于霜疫霉病菌的侵入，致使霜疫霉病发生，严重为害可导致产量下降甚至失收。

● 荔枝椿象若虫为害龙眼枝梢

● 荔枝椿象（红色为刚孵出）　　● 荔枝椿象低龄若虫为害荔枝幼果

● 荔枝椿象低龄若虫为害龙眼果柄　　● 荔枝椿象臭液导致黑斑

● 刚孵出的荔枝椿象

荔枝龙眼病虫害原色图说

● 荔枝椿象成虫 　　● 荔枝椿象卵块14粒

● 荔枝椿象卵块在枯枝上一字排列（14粒） 　　● 荔枝椿象排泄液沾在果实上

🍃 形态特征

成虫　雌成虫体长24~28毫米，盾形，背面黄褐色，刺吸式口器，复眼黑褐色，复眼内方有鲜红色单眼1对；胸和腹面有白色蜡质粉状物，越冬成虫体色暗淡。越冬后经交尾蜡粉残留较少，因此，腹面蜡粉完整或残缺可以区别是当年羽化的成虫还是越冬的成虫。雌成虫一般体形较大，腹部末节腹面中央开展。雄虫体长22~26毫米，腹部末节腹面中央无开裂；臭液腺开口于腹面中后胸交接处。

卵　圆形，淡绿色或黄绿色，随着胚胎发育渐变浅灰色，孵化前为浅红色。

若虫 共5龄。1龄体椭圆形，体色从初孵化时橙红色渐变深蓝色，复眼深红色；2龄体长方形，橙红色，外缘灰黑色；3~4龄体略长，中胸背侧翅芽显露；5龄体长18~20毫米，体色略浅，翅芽明显，臭腺开口于腹部背面4~5节和5~6节各1对。

🍃 生活习性

一年发生1代，以成虫在树冠枝叶郁闭场所越冬，第2年春季气温上升至约16℃时开始活动，一般在3月中旬开始交尾，在4月上旬开始产卵，产卵盛期在4月中下旬，5月上旬低龄若虫始盛，若虫期可延长至7月，但主要集中在5月，到7月新成虫出现，老成虫逐渐死亡。

🍃 防治方法

➡ 人工捕杀。利用荔枝蝽象有假死性和冬季10℃以下低温活动力差的特性，用力摇动树枝，使成虫坠落地上收集消灭。利用越冬成虫早晚飞翔力差，并喜欢在荔枝、龙眼树冠中下部活动产卵的习性，在开花与幼果期3~4天于10:00前捕杀一次怀卵成虫，可减少若虫为害花、果。5月产卵盛期，人工摘除卵块。

➡ 药物防治。越冬成虫抗药性低，在3月中、下旬，雌成虫大量产卵之前，可喷布低毒的有机磷类药剂杀灭成虫，4—5月卵孵化盛期和若虫3龄以前可选用：2.5%高效氯氟氰菊酯（功夫）乳油1 500~2 000倍液、2.5%溴氰菊酯（敌杀死）乳油1 500~2 000倍液、40%噻虫啉悬浮剂2 000倍液、20%甲氰菊酯乳油1 500~2 000倍液或25%噻虫嗪水分散粒剂3 000~3 500倍液。

➡ 生物防治。利用平腹小蜂防治，在荔枝蝽象开始产卵时，每8~10天放蜂1次，共放2~3次。大树每次放蜂400~500头，小树每次放蜂300头。放蜂前先检查荔枝蝽象密度，若每株超过150头以上时，应先喷一次药剂，5天后放第1批蜂。

荔枝蒂蛀虫

荔枝蒂蛀虫（*Conopomorpha sinensis* Bradley），又名蛀蒂虫，鳞翅目细蛾科昆虫，是荔枝、龙眼果实最重要的害虫，此虫亦可为害嫩梢、叶片和花穗。

🍃 为害状

幼果期幼虫蛀食果核皮层导致落果；果实着色期幼虫在果蒂处为害，遗留虫粪，严重影响果实质量。采果后，幼虫钻蛀嫩梢或新叶中脉为害，导致叶片中脉变褐，蛀道充满虫粪，影响新梢正常生长。花穗期钻蛀嫩茎致顶端枯萎。

● 荔枝蒂蛀虫为害荔枝果实

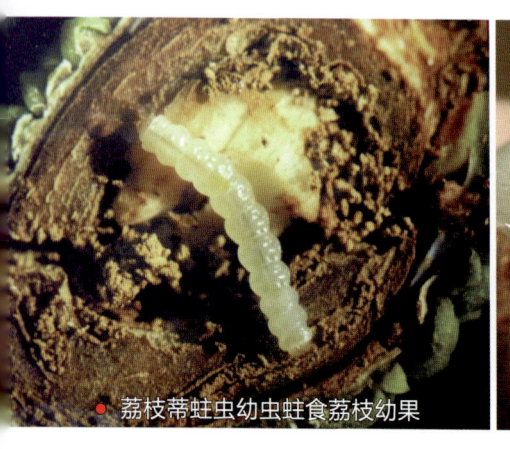
● 荔枝蒂蛀虫幼虫蛀食荔枝幼果

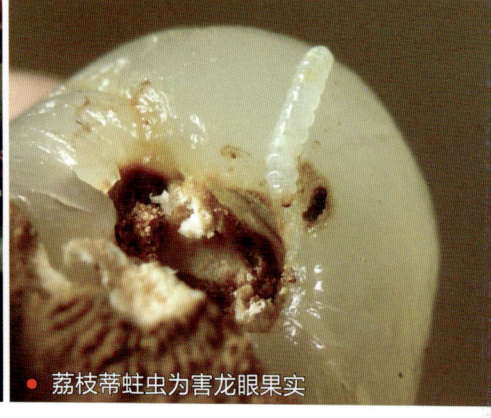
● 荔枝蒂蛀虫为害龙眼果实

主要虫害及其防治

🍃 形态特征

成虫 体长4~5毫米，翅展9~11毫米，灰黑色，腹部腹面白色；前翅基部有两条白纹，中部有5条白纹，呈"W"形，静止时，两前翅并拢，相接呈"爻"字纹；翅尖有一黑色小圆纹，端部第5条白斜纹与翅尖黑纹之间为橙黄色区，中域有"丫"字纹，橙黄色区有3个银白色光泽斑，这一特征与蛀食叶片中脉而不蛀果的近缘种尖细蛾相区别；后翅灰黑色；腹部各节侧面有黑色斜纹。

卵 细小，椭圆形，黄白色，半透明，卵壳上有微突。

幼虫 扁筒形，黄白色，背中浅黄褐色，在果肉内取食时体呈乳白色；胸足3对，腹足4对，臀板三角形，末端尖。

蛹 纺锤形，淡黄色，羽化前灰黑色；头顶有一破茧器，触角伸出腹末部分为第7~10腹节的2倍。

茧 扁平，椭圆形，白色、丝质，多结于叶面。

● 荔枝蒂蛀虫为害龙眼果实状

● 荔枝蒂蛀虫蛹

● 荔枝蒂蛀虫蛹体

生活习性

一年发生10~12代，挂果期是荔枝蒂蛀虫生长发育条件最适合、发生数量最大、造成损失最严重的时期。卵期2~2.5天，幼虫期7~8天，蛹期7~9天，产卵前期约4天，一个世代约20天。成虫一般在早晨交尾、晚上产卵，喜欢在荫蔽、通风透光较差的果园产卵。幼虫孵化后多从卵壳底面直接蛀入寄主。成熟幼虫脱离果实后在果穗、叶片、地面杂草或落叶上吐丝化蛹。

● 荔枝蒂蛀虫成虫

防治方法

➡ 采果后及时修剪，剪除过密枝条，使园内通风透光。

➡ 加强管理，适时放秋梢，减少为害。

➡ 幼果期及时清理落果、集中烧毁，减少早期虫源。

➡ 控制冬梢抽生，阻断其食物来源，减少早期虫源。

➡ 及时喷药防治。根据预测预报，掌握在成虫羽化率为30%和80%时各喷药1次，消灭成虫于产卵之前。无虫情测报的地方，可在小果勾头时喷药1~2次，在荔枝成熟前20~22天和10~12天各喷药1次，延迟采收的果园加喷1次。药剂选择或混配要选用能够同时杀成虫、幼虫和卵的药剂或配方。目前，能同时杀成虫和初孵幼虫的药剂有氯氰菊酯、高效氯氰菊酯、高效氯氟氰菊酯、联苯菊酯、阿维菌素和甲氨基阿维菌素苯甲酸盐等，其中联苯菊酯还具有一定的杀卵作用；能同时杀卵和初孵幼虫且持效期较长的药剂有除虫脲、灭幼脲、杀铃脲及氯虫苯甲酰胺等，可根据虫情和药剂特点合理搭配，对水喷雾。

尖细蛾

尖细蛾（*Conopomorpha litchiella* Bradley），又名荔枝细蛾，鳞翅目细蛾科昆虫，为害荔枝、龙眼的嫩梢、叶片、花穗，不为害果实。

● 尖细蛾蛹和蛹茧

🍃 为害状

幼虫蛀食嫩叶中脉，致使叶中脉呈赤褐色；蛀食叶肉，留下表皮致使叶片前端干枯卷曲；为害嫩梢，蛀食梢髓，使髓部变黑，影响正常生长。其与荔枝蒂蛀虫为害的区别是：蛀道明显，有排粪孔，无粪便存留。

● 尖细蛾幼虫为害龙眼叶片主脉

🍃 形态特征

成虫 翅展 8.3~9 毫米，翅狭长；前翅灰黑色，臀区鳞片黑白相间，翅中部有 5 条白纹构成"W"形纹，翅最末端有一深黑色小圆点，比荔枝蒂蛀虫的大而明显，附近银白色；后翅暗灰色；腹部各节有深褐色斜纹。

卵 椭圆形，卵壳上有网状

● 尖细蛾幼虫在龙眼叶片主脉中蛀食

纹，初产白色、透明，近孵化为淡黄色。

幼虫 黄绿色，在嫩梢内幼虫为乳白色至灰白色，略扁，胸足3对，腹足4对。

蛹 初青绿色，后黄褐色，近羽化为灰黑色。

茧 椭圆形，较薄，能清楚地看到蛹体，多结于叶背部。

🌿 生活习性

一年发生约12代，周年活动，世代重叠。从新梢抽出到叶片转绿，均可看到幼虫为害。成虫日伏夜出，新梢抽出时，雌成虫在芽的顶点或叶腋处产卵，幼虫孵化后直接从卵的底部蛀入嫩梢或叶片为害。1~2龄幼虫主要吸食汁液，3龄开始转为害嫩梢的髓部组织，为害叶片的幼虫多从叶背近前端主脉蛀入，沿主脉食害，并有距离不等的排粪细孔。幼虫有转叶转梢为害的习性，受害叶片的主脉被蛀空，叶片干枯破裂，以秋梢受害最重，以后为害花穗，造成落花。老熟幼虫在近叶基部或叶柄处咬一小孔爬出，于附近叶片结茧化蛹。幼虫期有多种寄生蜂寄生，其中以甲腹茧蜂寄生率高。

● 尖细蛾成虫

🌿 防治方法

➡ 冬季清园剪除被害枝条，集中烧毁。

➡ 嫩梢期、抽穗期及时喷药防治，用药参考荔枝蒂蛀虫的防治。

黄三角黑卷蛾

黄三角黑卷蛾（*Olethreutes leucaspis* Meyrick），又名三角新小卷蛾，鳞翅目小卷蛾科昆虫，为害荔枝、龙眼等果树。

为害状

幼虫为害嫩叶、花穗、果实，使嫩叶缺刻，不能正常生长，花穗结缀成团枯死，不能成果，或蛀食幼果，引起脱落。

生活习性

一年发生9代，世代重叠，全年可见各种虫态。成虫多于白天羽

● 黄三角黑卷蛾为害状

● 黄三角黑卷蛾蛹(背面)

● 黄三角黑卷蛾蛹(侧面)

● 黄三角黑卷蛾蛹(腹面)

● 黄三角黑卷蛾幼虫（中龄）

● 黄三角黑卷蛾幼虫（老龄）

● 黄三角黑卷蛾成虫

化，以 14:00~17:00 最盛。白天多停息在地面落叶或杂草中，晚间交尾产卵，略有趋光性。卵散产在已经萌动的芽梢复叶的小叶叶脉间。初孵幼虫在着卵处将幼嫩组织咬成伤口取食，不久离开卵壳藏入小叶，在叶边吐丝粘连成简单虫苞，随着叶片纵卷成圆柱形或斜卷状。多数一叶一苞。为害花时吐丝将花穗粘连成苞，幼虫在其中取食。幼虫受惊会激烈跳动，老熟幼虫下坠地面在落叶或杂草上，咬卷叶缘结苞后吐丝结成薄茧，化蛹其中。

🍃 形态特征

成虫 体长 7~7.5 毫米；头黑褐色，头顶毛丛疏松，复眼黑色；雌、雄虫触角为丝状，黑褐色；前翅黑色，前缘 2/3 处有一淡赤色或灰黄色三角形斑；后翅前缘从基角至中央灰白色，其余为黑褐色。

卵 长椭圆形，中央稍拱起，卵表面有近正六边形的刻纹，初产时乳白色，近孵化时黄白色。

幼虫 初孵幼虫头部黑色，胴部淡黄白色，2 龄起头呈黄绿色或淡黄色；老熟幼虫体长 8~10 毫米，灰褐色，化蛹前黑褐色。

蛹 初蛹时淡黄绿色，中期头橘红色，翅芽和腹部黄褐色，羽化前翅芽呈黑色并可透视前翅的黄三角斑。

🍃 防治方法

➡ 抓好清园工作，清除杂草，并剪除被害枝梢，减少虫源。

➡ 用黑光灯诱杀成虫。

➡ 进行生物防治。荔枝花期，卷叶蛾第 1、2 代成虫产卵期释放赤眼蜂，每代放蜂 3~4 次，每次每亩（亩为已废除单位，1 亩 ≈ 667 米^2）2.5 万头，约 4 株一个卵卡。

➡ 在盛花期前后进行测报，掌握幼虫孵化期喷药防治。药剂可选用苏云金杆菌乳剂 500~1 000 倍液、10% 氯氰菊酯乳油 1 500 倍液或 50% 辛硫磷乳油 1 000~1 200 倍液等。

灰白卷叶蛾

灰白卷叶蛾（*Argyroploce aprobola* Meyrick），又名灰白条小卷蛾，鳞翅目小卷蛾科昆虫，为害荔枝、龙眼等果树。

为害状

幼虫为害嫩叶、花穗、果实，使嫩叶缺刻，不能正常生长，花穗结缀成团枯死，不能成果，或蛀食幼果，引起脱落。

形态特征

成虫 雌成虫体长 7~8 毫米，翅展 25~25.5 毫米；头黑色，触角丝状，灰褐色；胸背灰黑褐色，腹面灰白色；前翅前缘区黑褐色，有钩纹，其余为灰白色，且布有小黑点；后翅前缘基部至端部灰白色，余为灰黑色，臀角宽大突出。雄成虫体略小，前翅黑色或灰褐色相间。

卵 椭圆形。

● 灰白卷叶蛾为害荔枝嫩叶

- 灰白卷叶蛾幼虫为害状
- 灰白卷叶蛾成虫
- 灰白卷叶蛾蛹腹面
- 灰白卷叶蛾幼虫

幼虫 末龄幼虫体长12~15毫米，头无颅中沟，前胸背板和3对胸足均为黑色，中胸以后各体节为淡黄绿色或绿色。

蛹 红褐色。

🍃 生活习性

一年发生代数不详。6月前，荔枝、龙眼园发生数量少，7—11月发生量较大，7—8月为盛发期。常常同黄三角黑卷蛾同时发生，两者为害状相似。但灰白卷叶蛾的虫苞多是将几张小叶缀在一起。苞内的幼虫期19~20天，蛹期8~9天。

🍃 防治方法

参照黄三角黑卷蛾防治。

拟小黄卷叶蛾

拟小黄卷叶蛾（*Adoxophyes cyrtosema* Meyrick），又名柑橘丝虫，鳞翅目卷叶蛾科昆虫，为害荔枝、龙眼等果树。

为害状

幼虫为害嫩叶、花穗、果实，使嫩叶缺刻，不能正常生长，花穗结缀成团，枯死不能成果，或蛀食幼果，引起脱落。

形态特征

成虫　体黄色，长7~8毫米，翅展17~18毫米。头部有黄褐色鳞毛，下唇须发达，向前伸出。雌虫前翅前缘近基角1/3处有较粗而浓黑褐色斜纹横向后缘中后方，在顶角处有浓黑褐色近三角形的斑点。雄虫前翅后缘近基角处有宽阔的近方形黑纹，两翅相合时成为六角形的斑点。后翅淡黄色，基角及外缘附近白色。

● 拟小黄卷叶蛾蛹（正面）

● 拟小黄卷叶蛾蛹（侧面）

● 拟小黄卷叶蛾蛹（腹面）

主要虫害及其防治

● 拟小黄卷叶蛾幼虫卷叶和为害状

● 拟小黄卷叶蛾幼虫

卵 椭圆形，纵径0.8~0.85毫米，横径0.55~0.65毫米，初产时淡黄色，后渐变为深黄色，孵化前变为黑色，卵鱼鳞状排列，块状，呈椭圆形，上覆胶质薄膜。

● 拟小黄卷叶蛾雌蛾（左）雄蛾（右）

幼虫 初孵时体长约1.5毫米，末龄体长11~18毫米。头部除1龄黑色外，其余各龄皆为黄色。前胸背板淡黄色，胸足3对，淡黄褐色。

蛹 黄褐色，纺锤形，长约9毫米，宽约2.3毫米，雄蛹略小。第10腹节末端具8根卷丝状钩刺，中间4根较长，两侧2根一长一短。

🍃 生活习性

在广东、四川等地一年发生8~9代，田间世代重叠。多以幼虫在卷叶或叶苞内越冬，也有少数蛹和成虫越冬。华南地区越冬幼虫于翌年3月上旬化蛹，3月中旬羽化为成虫，交尾产卵，卵期5~6天，3月下旬出现第1代幼虫，为害荔枝、龙眼花蕾，使花不能结果。随后在荔枝、龙眼的幼果期形成一个为害高峰（广东为4—5月，四川为5—6月），引起大量落果。幼虫可以转果为害，每头幼虫可为害十几个幼果。幼虫喜食小果，以横径15毫米左右时受害最重，横径24毫米以上时受害减轻。成虫产卵于寄主叶片正面，白天栖息于叶片间，有趋光性和趋化性。

🍃 防治方法

参照黄三角黑卷蛾防治。

褐带长卷叶蛾

褐带长卷叶蛾（*Homona coffearia* Nietner），又名咖啡卷叶蛾、柑橘长卷蛾、后黄卷叶蛾，鳞翅目卷叶蛾科昆虫，为害柑橘、荔枝、龙眼、枇杷、李、板栗等果树，是普遍发生的一种卷叶蛾。

为害状

以幼虫吐丝结缀叶片或花瓣，幼虫在其中取食嫩芽、嫩叶、花蕾和花，造成花瓣粘连不脱，蛀食果实，导致生长中的果实脱落。

● 褐带长卷叶蛾幼虫（雄）

● 褐带长卷叶蛾幼虫（雌）

● 褐带长卷叶蛾雄蛹（背面）

● 褐带长卷叶蛾雄蛹（侧面）

● 褐带长卷叶蛾雄蛹（腹面）

● 褐带长卷叶蛾成虫（雌）

● 褐带长卷叶蛾成虫（雄）

🍃 形态特征

成虫 体暗褐色，雌虫体长8~10毫米，翅展25~30毫米；雄虫体长6~8毫米，翅展16~19毫米。头小，头顶有浓褐色鳞片，下唇须上翘至复眼前缘。前翅暗褐色，近长方形，基部有黑褐色斑纹，从前缘中央前方斜向后缘中央后方，有一深褐色褐带，顶角亦常呈深褐色。后翅为淡黄色。雌虫翅显著长过腹末。雄虫则仅能遮盖腹部，且前翅具宽而短的前缘折，静止时常向背面卷折。

卵 淡黄色，椭圆形，纵径 0.8~0.85 毫米，横径 0.55~0.65 毫米。卵常排列成鱼鳞状，上覆胶质薄膜。卵块椭圆形，长约 8 毫米，宽约 6 毫米。

幼虫 1 龄幼虫体长 1.2~1.6 毫米，头黑色，前胸背板和前、中、后足深黄色。2 龄幼虫体长 2~3 毫米，头部、前胸背板及 3 对胸足黑色，体黄绿色。3 龄幼虫体长 3~6 毫米，形态色泽同 2 龄幼虫。4 龄幼虫体长 7~10 毫米，头深褐色，后足褐色，其余为黑色。5 龄幼虫体长 12~18 毫米，头部深褐色，前胸背板黑色，体黄绿色。6 龄幼虫体长 20~23 毫米，体黄绿色，头部黑色或褐色，前胸背板黑色，头与前胸相接的地方有一较宽的白带。

蛹 雌蛹体长 12~13 毫米，雄蛹 8~9 毫米，均为黄褐色。第 10 腹节末端狭小，具 8 条卷丝状臀棘。

🍃 生活习性

广东一年发生约 6 代，以老熟幼虫在卷叶内或杂草中越冬，田间世代重叠。第 1 代幼虫为害荔枝幼果。第 2 代幼虫主要为害嫩芽或嫩叶，幼虫吐丝将 3~5 片叶结缀成苞，藏于其中取食。成虫有趋光性，对糖、醋等亦有趋性。

🍃 防治方法

➡ 抓好清园工作，减少虫源。

➡ 用黑光灯诱杀成虫。

➡ 花期，卷叶蛾第 1、2 代成虫产卵期释放赤眼蜂，每代释放蜂 3~4 次。

➡ 掌握在低龄幼虫期喷药防治。药剂可选用 50% 辛硫磷乳油 1 000~1 200 倍液或 4.5% 高效氯氰菊酯（百虫灭）乳油 1 000~1 500 倍液等。

圆角卷叶蛾

圆角卷叶蛾（*Eboda cellerigera* Meyrick），鳞翅目卷叶蛾科昆虫，为害荔枝、龙眼等果树。

为害状

为害嫩叶、花穗，造成叶片缺刻，花穗枯萎。

形态特征

成虫 全长5.2毫米，翅展约12.5毫米；体灰黑色，胸腹淡黄白色，胸背面绒毛密生，复眼灰绿色，内显黑点，触角3节，丝状、黄色；前翅土红色，间杂不均匀的灰绿色，前缘近翅基有一长形白色斑，斑内有黑褐色点，前缘中部有一斑点，两翅合拢时构成一个似飞鸟形斑块，近外缘有6个灰白色圈斑从近前缘斜向后缘排列；后翅灰黑色，前缘肩角至中部为银白色；腹部背面灰黑色，腹面银白色。

● 圆角卷叶蛾蛹（正面）

● 圆角卷叶蛾蛹（侧面）

● 圆角卷叶蛾蛹（腹面）

主要虫害及其防治

● 圆角卷叶蛾幼虫卷叶为害

● 圆角卷叶蛾老龄幼虫

● 圆角卷叶蛾成虫（左为成虫腹面）

幼虫 末龄幼虫体长9.3~11毫米，宽1.1~1.2毫米。头部和胸部淡黄绿色；老熟时头部单眼黑色，亚背线紫红色，前胸背片黄色。

蛹 初蛹翅芽青绿色，腹部黄褐色，中后期全体黄褐色，复眼漆黑且有光泽。

🍃 生活习性

广东以4—8月发生较多。第1代幼虫于4—5月为害荔枝、龙眼的花穗、嫩梢和叶片。为害花穗与嫩叶时，幼虫吐丝将几个小穗梗或几片嫩叶结缀成虫苞，在其中取食，排出红褐色粉末状粪便。幼虫活泼，受惊即前后跳跃，下坠逃跑。老熟幼虫一般在卷叶苞内或花穗团中化蛹。

🍃 防治方法

参照黄三角黑卷蛾防治。

枯叶夜蛾

枯叶夜蛾（*Adris tyrannus* Guenée），鳞翅目夜蛾科昆虫，为害荔枝、龙眼、柑橘等果树。

🍃 为害状

成虫以刺吸式口器刺入果实内吸食果汁，刺孔处流出汁液，伤口呈水渍状软腐，易造成裂果、落果。果实采前被害，常在贮运中造成腐烂。

🍃 形态特征

成虫 体长35~42毫米，翅展98~100毫米。头、胸部棕褐色，腹部背面橙黄色，触角丝状，灰黑色；前翅枯叶褐色，雌蛾体色较深；前翅顶角很尖，外缘呈弧形向内极度弯斜，后缘中部内凹，弧度宽；翅脉清晰，上有许多小黑点排列；环纹为一黑点，肾纹黄绿色；后翅橘黄色，亚端区有一牛角状黑带，中后部有一肾形黑斑纹。

卵 乳白色，近球形，底平，卵壳表面有六角形网纹。

幼虫 老熟时体长60~70毫米，头部红褐色，体色多变，有黄褐色或灰褐色，背线、亚背线、气门线、腹线均为暗褐色。第2、3腹节两侧各有一眼形斑，中间黑色；第6腹节亚背线和亚腹线有一方形白

● 枯叶夜蛾成虫在柑橘叶上形似枯叶

● 枯叶夜蛾幼虫

斑，上有许多黄褐色圈和斑点。

蛹 红褐色或灰褐色，长30~32毫米，臀棘4对，外有黄白色丝将叶片粘连在一起包裹蛹体。

🍃 生活习性

一年发生2~3代，多以成虫越冬，冬季温暖的可以卵和中龄幼虫越冬。发生期不整齐，从5月末到10月均可见成虫，以7—8月发生较多。成虫昼伏夜出，有趋光性，喜为害香甜味浓的果实。成虫寿命较长，产卵于幼虫寄主茎和叶背。幼虫吐丝缀叶藏于其中取食，6—7月发生多，老熟后缀叶结薄茧化蛹。

● 枯叶夜蛾成虫

● 枯叶夜蛾卵粒

🍃 防治方法

➡ 山区建园，尽可能连片种植，且避免同园种植不同熟期的品种。

➡ 清除果园周围的木防己、汉防己、通草、十大功劳、飞扬草等幼虫寄主植物。

➡ 果实成熟初期，虫害初发生阶段用毒饵诱杀。方法：利用烂果或甜瓜切片，浸于90%敌百虫晶体20倍液或40%辛硫磷乳油20倍液，经10分钟取出，傍晚挂在果园外围的树冠上诱杀，或用糖醋液加90%敌百虫晶体作诱饵，于傍晚放在果园诱杀成蛾。

➡ 利用黄光灯拒避，每10亩投置40瓦黄色荧光灯一盏。

➡ 果实套袋可减少为害。也可果实成熟期的晚上，在果园周边的树用人工捕杀。

佩夜蛾

佩夜蛾（*Oxyodes scrobiculara* Fabricius），鳞翅目夜蛾科昆虫，为害荔枝、龙眼等果树。

为害状

幼虫咬食新梢嫩叶呈缺刻状，虫口数量大时可将嫩叶吃光，仅留主脉，形成秃枝，严重影响新梢的正常生长。

● 佩夜蛾低龄幼虫

形态特征

成虫 体长18毫米，翅展46~48毫米，全体淡黄褐色，胸背密被长绒毛；复眼浅绿色，触角丝状，前翅有黑褐色环纹，肾纹明晰，中线、外线及亚端线均为黑褐色波纹；后翅黄褐色，亦有3条黑褐色的波纹线，前缘有深褐色鳞毛。

● 佩夜蛾成虫

卵 半球形，淡绿色，表面有纵行网状刻纹。

幼虫 老熟幼虫体长33~43毫米，体色有黄绿色、淡绿色、赤褐色、粉红色等多种变化；背线清，侧看有白色、淡黄色3条波纹；胸

● 佩夜蛾幼虫

足3对,腹足4对较长,臀足1对粗长。

蛹 初黄褐色,后变为红褐色,外散被白色蜡质粉状物。

🌿 生活习性

华南地区一年发生6代以上。以蛹越冬。成虫夜间羽化,较灵活,善飞,白天在树冠内层栖息,夜间进行交尾产卵。卵散产在已经萌动的芽尖小叶上。低龄幼虫咬食初伸展的叶片,4~5龄进入暴食阶级,3~5天可以把整批嫩叶吃光,只剩主脉而成秃枝。幼虫有假死习性,遇惊即吐丝下垂,大龄幼虫向后跳下坠,或前半身左右剧烈摇动。老熟幼虫入表土中或地表枯叶中,吐丝作薄茧后化蛹。每年3—11月有发生,广东3月出现成虫,4月出现幼虫,4月下旬至5月上旬是暴食期,5—7月发生最多。

🌿 防治方法

➡ 冬季清园,清扫枯枝落叶以及进行翻松园土,减少越冬虫源。

➡ 零星发生的果园,可人工查虫捕捉或摇动树枝,幼虫落地捕杀。

➡ 新梢期结合防治其他虫害,掌握在幼虫3龄前用药。药剂可参考防治粗胫翠尺蛾的用药。

● 佩夜蛾蛹(正面)

● 佩夜蛾蛹(侧面)

● 佩夜蛾蛹(腹面)

龙眼合夜蛾

● 龙眼合夜蛾成虫

● 龙眼合夜蛾幼虫（低龄）

● 龙眼合夜蛾幼虫（中龄）

龙眼合夜蛾（*Sympis rufibasis* Guenée），鳞翅目夜蛾科昆虫，为害荔枝、龙眼等果树。

为害状

与佩夜蛾同。

形态特征

成虫 体长15~17毫米，体色茶褐色到灰黑褐色；前翅中线之内为赭红色，中线之外为棕黑色；交界处为一蓝白色横纹，两端不达前缘，中室外方有一赭红色圆斑；后翅灰褐色，中部有一白纹。

幼虫 末龄幼虫体长41~50毫米，体色茶褐色至灰黑褐色，头近方形，红褐色；气门下线较宽，黄白色，腹足第1对最短，第2~4对渐次增长，臀足腿节长，趾节呈"丫"形分开。

蛹 体长17~18毫米，红褐色，薄被白色蜡粉。

主要虫害及其防治

● 龙眼合夜蛾蛹（正面）

● 龙眼合夜蛾蛹（侧面）

● 龙眼合夜蛾蛹（腹面）

🍃 生活习性

多与佩夜蛾幼虫同时出现为害新梢嫩叶。成虫昼伏夜出，有趋光性，灵敏善飞。卵散生于嫩梢上。幼虫有群集为害习性，栖息时平贴在叶缘或小枝上。幼虫遇惊时能迅速跳动落地，但无明显假死性。老熟后坠地，在土壤中或枯叶中吐丝结成薄茧后化蛹。

🍃 防治方法

参照佩夜蛾的防治。

● 龙眼合夜蛾幼虫

粗胫翠尺蛾

粗胫翠尺蛾（*Thalassodes immissaria* Walker），又称绿额翠尺蛾。

🍃 为害状

幼虫为害嫩梢，咬食嫩叶，造成缺刻，严重的把整片叶食光，影响正常生长。也为害幼果。

🍃 形态特征

成虫 雌成虫翅展28~32毫米，翅翠绿色，满布白色细翠纹，前后翅均有白色波状的前中线和后中线一条，后中线比较明显，前翅前缘棕黄色，触角丝状。雄成虫触角羽毛状。

卵 鼓形，长约0.71毫米，初产时浅黄色，将孵化时红色。

幼虫 初孵幼虫淡黄色，后头、体均青色，老熟时浅褐色。

蛹 棕灰色至棕黄色，臀棘4对，呈倒"U"形排列。

🍃 生活习性

在华南地区每年发生7~8代，普遍是以蛹在叶片上和杂草中越冬。越冬成虫在3月外界

● 粗胫翠尺蛾成虫

● 粗胫翠尺蛾蛹

主要虫害及其防治

● 粗胫翠尺蛾幼虫在咬食叶片

● 粗胫翠尺蛾卵粒（似鼓形，红色，两粒堆叠）

● 粗胫翠尺蛾卵孵化幼虫后的卵壳（白色处）

● 粗胫翠尺蛾幼虫（中龄）

● 粗胫翠尺蛾幼虫（老龄）

环境合适时进行羽化，有昼伏夜出的习性，具趋光性，卵散产于嫩芽或嫩叶尖上。3月下旬至5月上旬产出第1代幼虫。在高温下，卵期3~4天，幼虫期11~17天，蛹期6~8天，成虫期5~7天，完成一世代25~36天。

🍃 **防治方法**

➡ 搞好冬季清园，剪除虫害枝，控冬梢，断其食源，减少越冬虫口，减少虫源。

➡ 利用成虫有趋光性，用黑光灯或蓝光灯诱杀。

➡ 掌握在幼虫低龄期选用下列药剂喷杀：4.5%高效氯氰菊酯（百虫灭）乳油1 000~1 500倍液、2.5%溴氰菊酯（敌杀死）乳油1 000~1 500倍液、2.5%高效氯氟氰菊酯（功夫）乳油1 000~1 500倍液或苏云金杆菌（Bt）可湿性粉剂或乳剂600~800倍液。在Bt药液中加入10%氯氰菊酯乳油、90%敌百虫晶体1 000~1 500倍液，防效更好。在抗药性较强的地区，可用2%甲胺基阿维菌素苯甲酸盐乳油1 500~2 000倍液或5%氯虫苯甲酰胺悬浮剂1 000倍液喷雾。

大造桥虫

大造桥虫[(*Ascotis selenaria*(Schiffermüller et Denis)],又称棉尺蛾,为害果树、蔬菜、花卉等各类植物。

为害状

为害新梢叶片,将叶片食成缺刻,随幼虫成长可将全叶食光,只留叶片主脉,造成秃枝。

形态特征

成虫 雌成虫体长18毫米,触角细长、丝状;前翅正面暗灰色,

● 大造桥虫幼虫在柑橘枝条上栖居

● 大造桥虫幼虫在柑橘枝条上栖居

● 大造桥虫雌成虫

● 大造桥虫蛹

杂有黑褐色和淡黄色鳞粉，腹面银灰色，内横线、外横线及亚外缘线黑褐色，波纹状，在内、外横线间近前缘处有一灰白色斑，斑周围黑色,外缘上方有一近三角形黑褐色斑;后翅亦具内、中、外3条波纹状横线,在内、中两横线间有一灰白色斑,较前翅小;在腹面相对应处,形成黑色斑。雄成虫体长16毫米,触角羽毛状,暗黄色。

卵 椭圆形,青绿色。

幼虫 体长40~60毫米,头较小,体黄绿色或灰绿色,腹节第2节和第8节背面各有1对瘤突,前1对较大,后1对较小,老熟幼虫的瘤突黑褐色。

蛹 咖啡色,有光泽。

🍃 生活习性

华南地区一年发生4~5代,以蛹在土中越冬。4月中、下旬幼虫开始为害。8—10月为害秋梢。成虫在阴雨天或土壤湿润时羽化出土,晚上活动、交尾、产卵。卵常数十粒堆积成块状。成虫飞翔力弱,有趋光性。幼虫孵出后,吐丝随风飘荡,转移分散。1龄幼虫取食嫩叶叶肉,留下表皮。虫体常以尾足固定竖起在枝叶上或尾足和胸足固定后拱起或搭成桥状停息。2龄以后取食叶片成缺刻。老熟幼虫沿树干下爬或吊丝,入土化蛹。蛹期8~10天,卵期5~8天,幼虫期约20天。

🍃 防治方法

➡ 在越冬代和第1代老熟幼虫化蛹前于树干下铺设塑料薄膜,上铺7~10厘米厚松土,诱杀入土化蛹的幼虫。幼年果园,可经常检查植株并及时捉除幼虫。

➡ 掌握在成虫羽化期,每天巡查果园和园边林地的树干,扑打停息在树干上的成虫。

➡ 用黑光灯或蓝光灯诱杀(每30亩放40瓦一盏)。

➡ 抓好低龄幼虫的喷药防治。参照绿额翠尺蛾防治。

大钩翅尺蛾

大钩翅尺蛾（*Hyposidra talaca* Walker），鳞翅目尺蛾科昆虫，分布广，为害荔枝、龙眼、柑橘等果树。

为害状

幼虫为害嫩芽、嫩叶，造成缺刻，严重时把整片叶食光，影响新梢正常生长。

● 大钩翅尺蛾幼虫在龙眼叶片上

形态特征

成虫 雌蛾体深灰褐色，前后翅均有2条赤褐色波状线从前缘伸向后缘，前翅外缘的前半部有弧形内凹，使顶角向后弯曲，触角丝状。雄蛾体较小，体色稍深，触角羽毛状。

卵 在腹腔内绿色，串珠状。

幼虫 与大造桥虫幼虫近似，不同之处是大造桥虫的第2腹节背面和第8腹节背面各具1对瘤突，大钩翅尺蛾则没有，但其幼虫的第2~7腹节各有1条白色点状

● 大钩翅尺蛾幼虫

横纹，低龄幼虫暗黑褐色，每腹节亦具明显的白色点状横线。胸足3对，第6腹节足1对和尾足1对。

🍃 生活习性

成虫晚间羽化活动，有趋光性、趋嫩性，常与粗胫翠尺蛾同时发生。7月中旬前成虫发生数量极少，7月中旬以后，在田间成虫陆续出现，数量没有间断，世代重叠。

● 大钩翅尺蛾成虫

🍃 防治方法

➡ 搞好冬季清园，剪除虫害枝，控冬梢，断其食源，减少越冬虫口，减少虫源。

➡ 利用成虫有趋光性，用黑光灯或蓝光灯诱杀。

➡ 掌握在幼虫低龄期药剂喷杀。药剂可选用：2.5%溴氰菊酯（敌杀死）乳油1 000~1 500倍液、2.5%高效氯氟氰菊酯（功夫）乳油2 000~3 000倍液或苏云金杆菌（Bt）可湿性粉剂或乳剂600~800倍液。在Bt药液中加入10%氯氰菊酯等拟除虫菊酯类农药，防效更好。

● 大钩翅尺蛾蛹（侧面）

● 大钩翅尺蛾蛹（腹面）

暗绿粉尺蛾

暗绿粉尺蛾（*Sauris interruptaria* Moore），又名间三叶尺蛾，鳞翅目尺蛾科昆虫。

形态特征

成虫 体长8~10毫米，翅展25~26毫米；体背及前翅暗褐绿色，复眼黑褐色；前翅顶角圆钝，外缘弧形，基线、内线和外线均为黑褐色的双线波纹状；后翅灰色，无斑纹；雌雄成虫触角均为丝状。

● 暗绿粉尺蛾成虫

卵 长卵圆形，初产时浅黄色，近孵化时红色，长约1毫米，一端略大，端部平，中间微陷，另一端钝圆，卵边有呈六边形的网纹。

幼虫 末龄幼虫体长33~35毫米，体色多变，一般为鲜黄绿色；背中线紫红褐色，带状；臀板短而钝，不伸达臀部末端。

蛹 深黄绿色至棕褐色，臀棘4对，呈"⌒"形排列。

生活习性

华南地区一年发生7~8代，以蛹在树冠下落叶间越冬。成虫多于下半夜羽化，白天停息在树冠或树干上，夜间活动，有趋光性和趋嫩性。卵散产在新梢叶芽尖或嫩叶的叶缘上，一叶产卵1~2粒。初孵幼虫取食嫩叶叶肉，停息在叶缘背面或头部向上虫体伸直如枝条，与叶

主要虫害及其防治

● 暗绿粉尺蛾卵粒　　● 暗绿粉尺蛾卵粒
● 暗绿粉尺蛾　　● 暗绿粉尺蛾幼虫

缘约成45°角。老熟幼虫在树冠吐丝将几张叶片卷成简单的虫苞，并在其中化蛹。第1代发生于4月上旬至5月中旬，第2代发生于5月中旬至6月中旬，以后25~35天完成一代，世代重叠，最后一代幼虫出现于10月下旬至12月上旬。

🍃 防治方法

➡ 搞好冬季清园，剪除虫害枝，控冬梢，断其食源，减少越冬虫口，减少虫源。

➡ 利用成虫有趋光性，用黑光灯或蓝光灯诱杀。

➡ 掌握在幼虫幼低龄期选用下列药剂喷杀：90%敌百虫晶体800~1 000倍液、2.5%溴氰菊酯（敌杀死）乳油1 000~1 500倍液、2.5%高效氯氟氰菊酯（功夫）乳油2 000~3 000倍液或苏云金杆菌（Bt）可湿性粉剂或乳剂600~800倍液。在Bt药液中加入10%氯氰菊酯等拟除虫菊酯类农药或90%敌百虫晶体1 000~1 500倍液，防效更好。

波纹黄尺蛾

波纹黄尺蛾（*Scopula* sp.），鳞翅目尺蛾科昆虫，荔枝园、龙眼园均有发生，亦为害其他果树。

为害状

幼虫为害抽出的新梢嫩叶，造成叶片缺刻，影响光合作用。

形态特征

成虫 体长7毫米，翅展23毫米；触角丝状，复眼黑色，体背灰黄色；前后翅为泥黄色，翅面有许多不规则小圆黑点，有3条波浪状波纹；腹部背面有3个明显的黑色小点；雄虫前翅中脉处有一皱褶状下凹。

幼虫 老熟幼虫体长17~20毫米，棕褐色，头部正面额区稍凹陷，黑褐色，两颊灰白色；中胸两侧各有一橄榄状呈水平方向外突；腹部1~4节气门上各有一斜置的菱形黑褐色斑纹。

蛹 前端宽平，尾端尖细，草绿色。

生活习性

华南各地均有分布，成虫在5月可见，于9月底至10月在龙眼第2次秋梢期发生最多。幼虫喜食嫩叶，惊动时跳跃式落地。9—10月，幼虫历期14~16天。老熟幼虫吐丝将几片小叶卷缀成苞在其中化蛹，蛹期7~8天。

防治方法

参照暗绿粉尺蛾防治。

主要虫害及其防治

● 波纹黄尺蛾雌成虫

● 波纹黄尺蛾低龄幼虫

● 波纹黄尺蛾幼虫

荔枝青尺蛾

荔枝青尺蛾（*Anisozga* sp.），鳞翅目尺蛾科昆虫，其为害状与绿额翠尺蛾相似。

🌿 生活习性

华南地区一年发生7~8代，以蛹在地面落叶或树冠荫蔽的叶间越冬。成虫夜间羽化，夜间活动，有弱趋光性和趋绿性。卵散产于叶芽及刚张开的小叶叶尖上。幼虫不善动，静止时平伏于被害的枯叶叶缘上。老熟幼虫化蛹时蛹体末端有丝状物与树叶等覆盖物黏结在一起。

● 荔枝青尺蛾幼虫咬食龙眼嫩叶

第 1 代发生于 4 月上旬至 5 月中旬，第 2 代发生于 5 月上旬至 6 月中旬，以后每月约发生 1 代，世代重叠。最后 1 代出现于 11 月上旬至 12 月上旬，以秋梢为害最重。

🍃 形态特征

成虫 翅展 23~27 毫米；额及体背青绿色，胸背、腹节背面每节有白色斑块；前、后翅青绿色，布满白色斑块；后翅外缘波浪形；雌成虫触角丝状，雄成虫触角羽毛状。

卵 鼓形，长约 0.58 毫米，初产浅青色，将孵化时红色。

幼虫 老熟幼虫棕褐色至暗褐色，2 龄后头顶二分叉呈角状突，前胸背板前缘两侧呈角状突起。体节背部色稍浅，两侧有向后斜的暗褐色斑纹。

蛹 青翠色。

🍃 防治方法

参照暗绿粉尺蛾防治。

● 荔枝青尺蛾

● 荔枝青尺蛾成虫

● 荔枝青尺蛾幼虫

油桐尺蠖

油桐尺蠖（*Buzura suppressaria benescripta* Prout），又名大尺蠖、柑橘尺蠖、海南油桐尺蠖，鳞翅目尺蛾科昆虫。

🍃 为害状

以幼虫为害叶片，将叶片吃成缺刻，严重时整片叶被吃光，留主脉，或成秃枝。

🍃 形态特征

成虫 雌成虫体长22~25毫米、翅展60~65毫米，雄成虫体长19~21毫米、翅展52~55毫米；灰白色；触角雌蛾为丝状，雄蛾为羽

● 两种体色的油桐尺蠖幼虫

主要虫害及其防治

● 油桐尺蠖幼虫咬食龙眼嫩芽

● 油桐尺蠖蛹（腹面）

● 油桐尺蠖蛹（侧面）

毛状。雌蛾前、后翅灰白色，杂有疏密不一的黑色小点；前翅前缘近基部、中部和近外缘有3条赤褐色相杂黑点的波状纹，中间1条较模糊。雄蛾3条波状纹，以近翅基和外缘2条明显；后翅波状纹与前翅相似，首尾相接。

卵 椭圆形，青绿色，产卵堆叠成块于叶面或叶背，表面覆盖棕色厚绒毛。

幼虫 老熟幼虫体长60毫米，头部稍突，正面观时，中央凹入，有棕色小斑点，胸足3对，腹足和臀足各1对，气门紫红色。

蛹 雄蛹略小，初褐红色，后黑褐色，有光泽。

🍃 生活习性

南方地区一年发生3~4代。以蛹在土中越冬，翌年3—4月成虫羽化产卵。第1代成虫发生期与早春气温关系很大，温度高则始蛾期早。成虫寿命3~6天，卵期8~17天，幼虫期23~54天，非越冬蛹14天左右。幼虫盛发期分别在5月上旬、7月中旬和9月上旬。成虫多在晚上羽化，白天栖息在高大树木的主干上或建筑物的墙壁上，受惊后落地假死不动或作短距离飞行，有趋光性。

● 油桐尺蠖成虫

● 油桐尺蠖成虫（腹面）

● 油桐尺蠖卵块

🍃 防治方法

➡ 严重发生果园，在越冬代和第1代老熟幼虫化蛹前在树干下铺设塑料薄膜，上铺7~10厘米厚松土，诱杀老熟幼虫；当幼虫入土化蛹期，可在树冠处结合松土挖除虫蛹。幼年果园，可经常检查植株摘除卵块，及时捉除幼虫，以减少喷药次数。

➡ 掌握在成虫羽化期，每天巡查果园和园边林地的树干，扑打停息在树干上的成虫。

➡ 用黑光灯或蓝光灯诱杀（每30亩放40瓦一盏）。

➡ 药剂防治参照绿额翠尺蛾防治。

银星黄钩蛾

银星黄钩蛾（*Tridrepana arikana* Matsumura），又名弯黑黄钩蛾，鳞翅目钩蛾科昆虫，为害荔枝、龙眼等果树，是近年在龙眼上新发现的害虫。

为害状

低龄幼虫咬食叶片表面叶肉，高龄幼虫咬食叶片，致叶片刻缺。

形态特征

成虫 翅展24~28毫米，翅面黄色；前翅顶角钩状，顶角的外弯钩内镶黑褐色边，内有2~3个黑色斑点，中室附近有3个褐色的斑点，

● 银星黄钩蛾幼虫在咬食龙眼叶片

● 银星黄钩蛾蛹（背面）

● 银星黄钩蛾蛹（侧面）

位于下方的斑点最大，中间有 1 个银白色的小斑；后翅中室端有 1 个镶褐边的银白色斑，翅面各横带呈波状不连续；雌雄触角栉齿状，雄虫栉齿较长。

卵 长椭圆形，细小，初产时白色，后渐转为紫红色。

幼虫 胸足3对，腹足4对，尾足1对；低龄幼虫深褐色，表面粗糙，状似鸟粪；成龄幼虫色较多变，老熟时体灰白色，头部较大，顶部两侧有1对突瘤，第2、3胸节和第2、8腹节背面各有1对状如象鼻形的长肉棒，能竖起和平放，前端约1/3可以弯曲，第3腹节至尾节背面近后缘各有1对瘤状突，腹2节气门处有白斑。

蛹 背面淡绿色，有光泽，腹面淡黄色，头部前端有1对向外伸出的鹿角状刺突。

🍃 生活习性

一年的世代数不详，广东于10月在龙眼树偶见，为害龙眼叶片。幼虫咬食龙眼树叶，并停息在叶片上不动，当受到惊扰时，头、尾两端翘起，只用4对腹足着叶固定。幼虫将一片叶片简单结缀成蛹室，并在其中化蛹，蛹期约10天，羽化后的成虫即行交尾。卵散产在叶缘处。

🍃 防治方法

参照粗胫翠尺蛾防治。

● 银星黄钩蛾成虫（上为雄成虫）

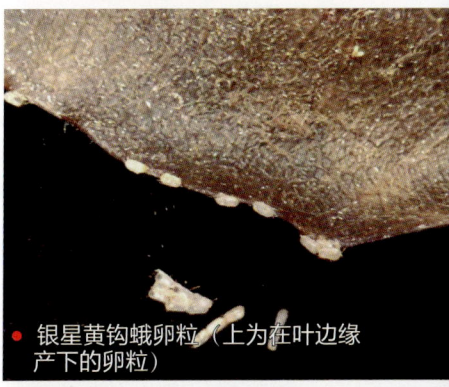
● 银星黄钩蛾卵粒（上为在叶边缘产下的卵粒）

● 银星黄钩蛾幼虫

双线盗毒蛾

双线盗毒蛾（*Porthesia scintillans* Walker），又名棕衣黄毒蛾，鳞翅目毒蛾科昆虫，分布于广东、广西、福建、台湾、四川等省区，为害荔枝、龙眼、柑橘、梨、桃等果树的新梢嫩叶、花蕾、花穗、幼果。

🍃 为害状

幼虫咬食新梢嫩叶，使叶片成缺刻或只剩叶脉，咬食花器和谢花后的小果，使受害花、果脱落。

🍃 形态特征

成虫 体长12~14毫米，翅展20~38毫米；体暗黄褐色；前翅黄褐色至赤褐色，布灰色小鳞点，内、外线黄色，前缘、外缘和缘毛黄色，外缘和缘毛被黄褐色部分分隔成3段；后翅淡黄色。

卵 略扁圆球形，由卵粒聚成块状，上覆盖黄褐色绒毛。

幼虫 体长21~28毫米，头部浅褐色或褐色，虫体暗棕色，前中胸和第3~7腹节和第9腹节背线黄色，其中央贯穿1条红色细线，后胸红色。前胸侧瘤红色，第1、2腹节和第8腹节背面有黑色绒球状短毛簇。

蛹 圆锥形，褐色，有疏松的棕色丝茧。

● 双线盗毒蛾幼虫

🍃 生活习性

华南地区一年发生3~5代，

以幼虫越冬,但冬季气温较暖时,幼虫仍可取食活动。成虫于傍晚或夜间羽化,有趋光性。卵产于叶背或花穗枝梗上。初孵幼虫有群集性,在叶背取食叶肉,残留上表皮;2~3龄分散为害,常将叶片咬成缺刻、穿孔,或咬坏花器,或咬食刚谢花的幼果。老熟幼虫入表土层结茧化蛹。4—5月,幼虫为害龙眼、荔枝的花穗和刚谢花后的小幼果较重,以后各代多为害新梢嫩叶。

● 双线盗毒蛾

● 双线盗毒蛾卵块(部分)

防治方法

➡ 冬季中耕松土,修剪病虫枝,清除枯枝落叶,可减少越冬虫源。

➡ 掌握在幼虫低龄阶段,或开花前、抽梢期,选用25%高效氯氟氰菊酯乳油1 500~2 000倍液、5%高效氯氰菊酯乳油1 500~2 000倍液、20%氯虫苯甲酰胺悬浮剂2 000倍液、1%甲氨基阿维菌素苯甲酸盐乳油2 500~3 000倍液。

● 双线盗毒蛾蛹(正面)

● 双线盗毒蛾蛹(侧面)

● 双线盗毒蛾蛹(腹面)

荔枝茸毒蛾

荔枝茸毒蛾（*Sychira* sp.），鳞翅目毒蛾科昆虫，为害荔枝、龙眼等果树的新梢嫩叶、花穗及果实，还可为害花卉等植物。

● 荔枝茸毒蛾幼虫

● 荔枝茸毒蛾幼虫（背面观）

🍃 为害状

幼虫咬食嫩叶，造成缺刻。大龄幼虫咬食将近成熟和成熟的荔枝果实、果皮和果肉。

🍃 形态特征

成虫 雌、雄成虫异型。雌成虫体长13.4毫米，蛆形，头小腹大，尾端平齐，浅黄褐色，头被棕褐色短绒毛，触角短小，锯齿状，腹部较粗长，被浅棕褐色绒毛，第5~8腹节背面中央呈带状光裸，藏于蛹茧。雄成虫体长7~8毫米，灰黑褐色，触角羽毛状，栉齿黑褐色；前翅较狭长，棕褐色，翅脉上为淡灰白色，中室后端横脉处有一深黑褐色的新月形斑纹，端线由灰黄白色的小点组成；后翅宽大，深棕褐色。

卵 扁球形，灰白色。

幼虫 末龄幼虫体长31~34毫米，体红褐色，头部黄色至浅红褐色，第1胸节两侧各有1丛长短不一的灰色和黑色锤状毛组成的长"触角"，第2、3胸节的体侧和背部有6丛数量不等的白色刚毛丛；第

● 荔枝茸毒蛾成虫

● 荔枝茸毒蛾蛹（正面）

● 荔枝茸毒蛾蛹（腹面）

1~4腹节背面，各有1丛淡黄色毛束，第1腹节背部毛束后至第3腹节背部毛束前有一长形黑色大斑。第1、2腹节两侧各有1束向外的白色长毛束，第5腹节至后背面深褐红色，亚背线白色、粗大，第8腹节背中部有1束向后斜生的灰色长毛束；尾节向周围长着分散的灰色长毛。

蛹 雌蛹深黄绿色，雄蛹深褐色。

🌿 生活习性

一年发生代数未详。在南方地区全年均可见幼虫活动，冬季也可见各种虫态，无真正越冬现象。一般春季世代历期较长，蛹期约26天；4—5月世代历期较短，蛹期5~6天。雄成虫有趋光性。雌成虫交尾后将卵呈堆状产在蛹茧上，在日均温26~27℃时，卵期6~7天。初孵幼虫停息半天后即分散活动，取食嫩叶或花器；大龄幼虫食叶呈缺刻，高密度时可将全树叶片吃光；大龄幼虫还可为害近成熟或成熟的荔枝果实。老熟的雌幼虫化蛹前先吐丝粘连绒毛结成一个薄茧再化蛹其中。每年4—5月种群数量较大，8—9月种群密度也较高，是发生的两个高峰期。

🌿 防治方法

➡ 搞好果园清洁，铲除园中杂草，可减少为害。

➡ 药剂防治可参照双线盗毒蛾，但在果实成熟前期有少量发生，可结合防治荔枝蒂蛀虫喷布拟除虫菊酯类等低毒杀虫剂。

龙眼明毒蛾

龙眼明毒蛾（*Pomesoides* sp.），鳞翅目毒蛾科昆虫，为害龙眼、荔枝、杨桃等果树的新梢嫩叶和花器。

为害状

幼虫为害嫩叶，咬食成缺刻，咬伤花器，使花器脱落。

形态特征

成虫 雌成虫体长15~17毫米，体被黄色的鳞毛；触角羽毛状，栉齿棕红色；前翅鲜黄色，中间有2条淡黄色波纹，波纹中间近内缘有黑褐色鳞毛组成的斑块；后翅鲜黄色，无线斑；腹端平截，有深黄色短绒毛丛。雄成虫体略小。

● 龙眼明毒蛾成虫

卵 扁球形，初产时淡黄绿色，后变黄白色，近孵化时为暗褐色。

幼虫 末龄幼虫体长30~33毫米，体黑褐色；体背布满黑色毛瘤，瘤上生有带小刺状的短毛；腹节背面中央各有1个灰黑色的短毛刷，背线白色，各节背线上有一小红点，各节近节间处有一小黑点。

蛹 黄褐色,腹端具短小臀棘。

🍃 生活习性

华南地区以蛹越冬。3月中旬至4月上旬成虫羽化。成虫多于傍晚羽化,次日上午交尾后,当日晚产卵。卵块产在叶片或小枝条上,每块由50~60卵粒组成,上黏附有深黄色绒毛;雌成虫一生产卵4~6块。卵期7~8天。初孵幼虫群集在原卵块附近,约3天后分散活动取食。幼虫期在日均气温27~28℃,最短34天,最长50天,平均36.8天。幼虫经6次蜕皮,老熟幼虫在隐蔽处吐丝结茧并化蛹其中。蛹在日均

● 龙眼明毒蛾幼虫

● 龙眼明毒蛾蛹

气温26~27℃时,历期为9~12天,平均9.9天。一年中于4月和5月发生的数量较多,大龄幼虫食量较大,为害花器严重。

🍃 防治方法

参照双线盗毒蛾防治。

闪电黄毒蛾

闪电黄毒蛾（*Poctis fraterna* Moore），鳞翅目毒蛾科昆虫。

🍃 为害状

以幼虫为害叶片。低龄幼虫取食叶背皮层及叶肉，高龄幼虫将叶食成缺刻或食光全叶肉组织，还会咬食幼果，为果实留下大疤痕。

🍃 形态特征

雌成虫 翅展25毫米左右，触角栉齿状、浅黄色，栉齿棕黄色；头部浅黄色；腹部与足黄色；前翅黄色，基部微带橙黄色，基线、内线和外线黄白色，不明显，肘状弯曲；中室中央有一橙色长圆斑，亚端线有3个黑点，其中2个在顶区，1个在臀区；后翅浅黄色，后缘黄色。

● 闪电黄毒蛾幼虫

雄成虫 翅展25毫米左右，前翅琥珀黄色，具有雀斑状暗褐色鳞片组成的宽带，其中间被黄白色内线和外线所分割，亚端线有3个黑点，其中2个在顶区，1个在臀区；后翅和缘毛粉黄色，翅后缘颜色较深。

幼虫 头部深红色，体黑色，亚背线白色。

🌿 防治方法

参照荔枝茸毒蛾防治。

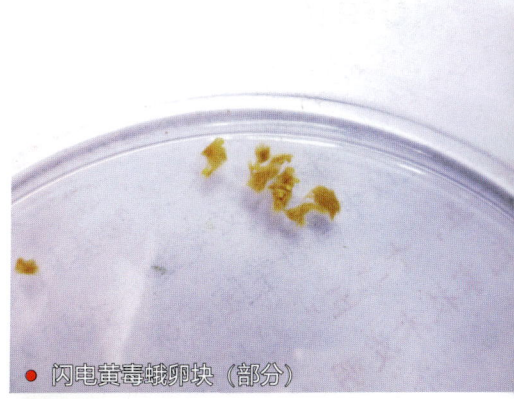

● 闪电黄毒蛾卵块（部分）

● 闪电黄毒蛾护囊

● 闪电黄毒蛾蛹（正面）

● 闪电黄毒蛾蛹（腹面）

● 闪电黄毒蛾雌成虫

扁刺蛾

扁刺蛾（*Thosea sinensis* Walker），鳞翅目刺蛾科昆虫，为害荔枝、龙眼、柑橘、黄皮、梨、桃、李等多种果树。

为害状

● 扁刺蛾低龄幼虫

幼虫咬食叶片，造成缺刻，大龄幼虫可将全叶食光，仅留枝条、叶柄。

形态特征

成虫 雌成虫体长13~18毫米，翅展28~35毫米；全体暗灰褐色，腹面及足的颜色更深，触角丝状，基部十数节呈栉齿状；前翅灰褐色到浅灰色，中室外方有一明显的暗褐色斜纹，自前缘近顶角处向后缘斜伸，中室上角有一不太明显的小黑点，后翅暗灰色到黄褐色。雄成虫略小，触角栉齿状。

卵 椭圆形，初为淡黄绿色，孵化前呈灰褐色。

幼虫 体长21~26毫米，虫体淡绿色，扁椭圆形，背中线灰白色，胸、腹各节气门上线均有1对瘤状突起，其上着生刺毛，每一体节的背面有2小丛刺毛，第4节背面两侧各有一红点。

茧 长椭圆形，暗褐色。

蛹 椭圆形，初为乳白色，近羽化时变为黄褐色。

● 扁刺蛾成虫

● 扁刺蛾幼虫

🌿 生活习性

一年发生 2 代，老熟幼虫在寄主树干周围土中结茧越冬。越冬幼虫于翌年 4 月中旬化蛹，成虫 5 月中旬至 6 月初羽化。成虫羽化后即行交尾、产卵，卵多散产于叶面。初孵化幼虫停息在卵壳附近，并不取食，蜕第 1 次皮后，先取食卵壳，再啃食叶肉，仅留 1 层表皮。幼虫取食不分昼夜。自 6 龄起，取食全叶，虫量多时，常从一枝的下部叶片吃至上部，每枝仅存顶端几片嫩叶。幼虫共 8 龄，老熟后即下树入土结茧，下树时间多在 20：00 至翌日 6：00，而以后凌晨 2：00~4：00 下树的数量最多。结茧部位的深度和距树干的远近与树干周围的土质有关：黏土地结茧位置浅，距离树干远，比较分散；腐殖质多的土壤及沙壤土地，结茧位置较深，距离树干较近，而且比较集中。

🌿 防治方法

➡ 冬季清园时，结合果园冬耕，挖除地下蛹茧。

➡ 利用其趋光性，在 6—8 月成虫盛发期，在夜间进行灯光诱杀。

➡ 及时摘除尚未分散为害的低龄幼虫叶片（此虫有毒，手不能触及虫体）。

➡ 在虫的幼龄期喷杀 2.5% 高效氯氟氰菊酯（功夫）乳油 2 000 倍液，防治有效。

白痣姹刺蛾

白痣姹刺蛾（*Chalcocelis albiguttata* Snellen），又名胶刺蛾，鳞翅目刺蛾科昆虫。

为害状

低龄幼虫取食叶下表皮和叶肉，残留上表皮，呈透明小斑；3龄以后从叶尖向叶基部取食，被害叶呈截切状，余下基部残叶，然后再转移为害它叶。

形态特征

成虫 雌雄异色。雄蛾灰褐色，触角灰黄色，前翅中央下方有1个黑褐色近梯形斑，内窄外宽，上方有1个白点；雌蛾黄白色，触角丝状，前翅中央下方有1个不规则的红褐色斑纹，白点位于斑纹内侧。

卵 扁椭圆形，乳白色。

幼虫 1~3龄幼虫黄白色或蜡黄色，前后两端黄褐色，体背中央有1对黄褐色的斑；4~5龄幼虫淡蓝色，无斑纹；老龄幼虫体长椭圆形，前宽后狭，体上覆有1层微透明的胶蜡物。

茧 暗褐色，外被白色物，椭圆形。

蛹 粗短，栗褐色，触角

● 白痣姹刺蛾低龄幼虫

长于前足，后足和翅端伸达腹部第 7 腹节。

🍃 生活习性

华南地区一年发生 3~4 代，福建 2 代，以老熟幼虫结茧化蛹越冬。翌年 3 月底 4 月初出现。蛾发生期在 4—6 月和 9 月上中旬。卵单产于叶面或叶背，以叶背为多。幼虫常在两片重叠叶间结茧，少数在枝条上结茧化蛹。在华南地区雨季（3—8 月）发生较轻，旱季为害严重。

🍃 防治方法

➡ 保护天敌。幼虫期天敌主要有螳螂，蛹期主要有一种刺蛾隆缘姬蜂。

➡ 在低龄幼虫盛发期喷药防治，可选用 5% 氟虫脲（卡死克）乳油 1 000 倍液、20% 甲氰菊酯（灭扫利）乳油 1 500~2 000 倍液等。

● 白痣姹刺蛾成虫

● 白痣姹刺蛾初生幼虫

● 白痣姹刺蛾蛹（一侧剥离蛹壳）

大蓑蛾

大蓑蛾（*Clania varoegata* Snellen），鳞翅目蓑蛾科昆虫，为害荔枝、龙眼、苹果、枇杷、芒果、柑橘、柿、桃、梅、李、杏等多种果树。

为害状

低龄幼虫啃食叶片叶肉，只留表皮，使叶片呈焦斑状，成长幼虫咬食叶片成缺刻或孔洞，严重时全叶食光。也取食小枝条和果实皮层。

● 大蓑蛾幼虫为害状（龙眼叶片）

● 荔枝叶片上为害的大蓑蛾幼虫和护囊

● 大蓑蛾幼虫及护囊

形态特征

成虫 雌成虫无翅，蛆形，体长约 25 毫米，头部黄褐色，胸腹部黄白色且多绒毛，腹部末节有一褐色圈。雄成虫有翅，体长 15~19 毫米，体黑褐色，触角羽状；前后翅均为褐色，前翅上有 4~5 个透明斑。

卵 椭圆形，淡黄色。

幼虫 共 5 龄，体长约 25 毫米，头部赤褐色或黄褐色，中央有白色"人"字纹。

蛹 赤褐色和暗褐色。

护囊 囊外附有较大的碎叶片。

● 大蓑蛾雄成虫

● 大蓑蛾雌成虫（背面）

● 被寄生蜂寄生后的大蓑蛾幼虫死亡后的护囊

● 大蓑蛾幼虫护囊

🍃 生活习性

华南地区一年发生2代,以幼虫在护囊内挂于寄主枝叶上越冬,翌年3月中、下旬开始化蛹,4月中旬至5月上旬后成虫盛发,雄成虫羽化后即寻找雌虫交尾。雌成虫翅退化,终生在护囊内生活。雄蛾喜在傍晚或清晨活动,雌蛾羽化翌日即可交尾,交尾后1~2天产卵,每雌产卵2 000~4 000粒,平均670多粒,产卵后干缩死亡。6月上、中旬幼虫孵出,夏、秋季为害最烈。幼虫多在孵化后1~2天下午先取食卵壳,后爬上枝叶或吐丝飘移至附近枝叶上,吐丝营造小护囊将叶片上表皮咬成碎片粘缀在护囊外,并取食叶肉。幼虫终生在护囊内,取食时头部和胸足伸出,将叶片咬成缺刻或孔洞。随着虫体增大,护囊也相应增大。第2代的越冬幼虫在9月出现,冬前为害较轻。雌蛾寿命12~15天,雄蛾2~5天,卵期12~17天,幼虫期50~60天,越冬代幼虫240多天,雌蛹期10~22天,雄蛹期8~14天。

🍃 防治方法

➡ 在冬季和早春摘除树上的护囊。

➡ 保护天敌。

➡ 掌握在幼虫孵化期或低龄阶段,用药喷杀。药剂可选用1%甲氨基阿维菌素苯甲酸盐乳油2 500~3 000倍液、2.5%溴氰菊酯(敌杀死)乳油2 000~3 000倍液等。

茶蓑蛾

茶蓑蛾（*Cryptothelea minuscula* Butler），又名茶袋蛾，鳞翅目蓑蛾科昆虫，为害荔枝、龙眼、柑橘、桃、李、梅等多种果树。

🍃 为害状

幼虫负着护囊伸出头和胸足部，咬食叶片、小枝、果实皮层，造成局部枝叶光秃。

● 茶蓑蛾幼虫取食桉树叶

- 茶蓑蛾幼虫
- 茶蓑蛾雌成虫（郑朝武　提供） 
- 茶蓑蛾幼虫护囊 
- 茶蓑蛾雌成虫（中）幼虫（右）（郑朝武　提供） 
- 茶蓑蛾雄成虫和蛹壳

🍃 形态特征

成虫 雌成虫体长12~16毫米,足退化,无翅,蛆状,乳白色。头小,褐色。腹部肥大,体壁薄,能看见腹内卵粒。后胸、第4~7腹节具浅黄色绒毛。雄成虫体长11~15毫米,翅展22~30毫米,体翅暗褐色。触角呈双栉状。胸部、腹部具鳞毛。前翅翅脉两侧色略深,外缘中前方具近正方形透明斑2个。

卵 长0.8毫米左右,宽0.6毫米,椭圆形,浅黄色。

幼虫 体长16~28毫米,体肥大,头黄褐色,两侧有暗褐色斑纹。胸部背板灰黄白色,背侧具褐色纵纹2条,胸节背面两侧各具浅褐色斑1个。腹部棕黄色,各节背面均具黑色小突起4个,呈"八"字形。

蛹 雌蛹纺锤形,长14~18毫米,深褐色,无翅芽和触角。雄蛹深褐色,长13毫米。

护囊 纺锤形,深褐色,丝质,外缀叶屑或碎皮,稍大后形成纵向排列的小枝梗,长短不一。

🍃 生活习性

华南地区一年发生3代,以3~4龄幼虫在护囊内挂于树枝上越冬,翌年春季回暖后恢复取食。幼虫终生生活在护囊内,于每年5月下旬开始并延至翌年5月均可见到。初孵幼虫从护囊中爬出,借风力漂移到寄主枝叶上,片刻即开始吐丝营囊护身。护囊随虫体增长渐渐扩大,幼虫取食、转移伸出头和胸足负囊爬行,老熟幼虫在囊内倒转虫体,头部向下而后化蛹。羽化时,雄蛾出壳可以飞翔,而雌蛾翅退化,留待护囊中交尾并在囊内产卵。

🍃 防治方法

参照大蓑蛾防治。

白囊蓑蛾

白囊蓑蛾（*Chalioides kondonis* Matsumura），鳞翅目蓑蛾科昆虫。

为害状

与大蓑蛾同。

形态特征

成虫 雌雄异型。雌成虫体长约10毫米，黄白色；雄成虫体长约9毫米，翅展18毫米，体浅褐色，有白色鳞片。

卵 椭圆形，黄白色。

幼虫 体长约30毫米，红褐色，背板浅棕褐色，被白色中线分成两半；腹部有排列的深褐色斑纹。

● 白囊蓑蛾幼虫护囊

主要虫害及其防治

● 白囊蓑蛾幼虫出护囊取食　　● 白囊蓑蛾雌蛹
● 白囊蓑蛾雌成虫　　● 白囊蓑蛾雌成虫体内卵粒

护囊　中型，灰白色，全部由丝状物构成，其表光滑，无叶片和枝梗；内虫体头部小，胸部淡褐色，腹部可见退化的足痕2对，前一对较明显，体黄白色，第8节至尾节淡褐色。

🍃 生活习性

一年发生1代，以幼龄幼虫在寄主上的护囊内越冬。翌年3月中下旬越冬幼虫取食为害，将叶片咬成缺刻或孔洞，并啃食嫩枝皮。5—6月为幼虫为害盛期，6—7月化蛹，7月始见成虫将卵产在蛹壳内，卵呈堆状，上盖绒毛，每头雌成虫可产卵几百粒不等。7月下旬幼虫孵化，先咬食卵壳，其后爬出护囊，吐丝下垂扩散，找到合适场所后立即吐丝缠身。随幼虫不断取食，虫龄增长，其护囊也随之加大。幼虫为害至秋后，将护囊固定后，用丝封口进入越冬。

🍃 防治方法

参照大蓑蛾防治。

蜡彩蓑蛾

蜡彩蓑蛾（*Chalia larminati* Heylearts），又称铁钉虫，鳞翅目蓑蛾科昆虫。

为害状

幼虫负囊挂于枝叶上，咬食叶背叶肉成斑块状或孔洞，有时咬食成缺刻。

形态特征

成虫 雌雄异型。雄蛾翅展18~20毫米，体长6~8毫米；头、胸部灰黑色，腹部银灰色，前翅基部白色，前缘灰褐色，后翅白色，前缘灰褐色。雌蛾虫体长13~20毫米，宽2~3毫米，黄白色，长筒形，头、胸部向一侧弯曲，钩状。

卵 椭圆形，黄色，长0.5~0.7毫米。

幼虫 体长16~25毫米，宽2~3毫米，体灰白色，有灰黑色斑，头、胸

● 蜡彩蓑蛾幼虫及护囊

背面黑色，后胸背面两侧各有一大黑斑，腹背线黑色，第8节至尾节黑色。

雌蛹 圆筒形，全体光滑。

护囊 灰黑色，间杂白色斑点，尖圆锥形，质地坚硬。

🍃 生活习性

一年发生1代，以老熟幼虫越冬。越冬期幼虫吐丝将护囊缚在枝干或叶背，封闭护囊口，翌年2月进入化蛹期，3月成虫羽化，3月下至4月上旬进入产卵盛期，6—7月为害甚烈，一直延续到10月下旬逐渐越冬。越冬期间遇有晴暖天气仍可啃咬树皮。

🍃 防治方法

参照大蓑蛾防治。

● 蜡彩蓑蛾雄成虫

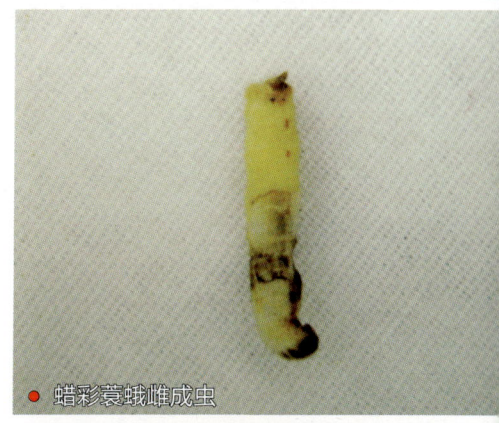

● 蜡彩蓑蛾雌成虫

● 蜡彩蓑蛾幼虫

荔枝拟木蠹蛾

荔枝拟木蠹蛾 [*Lepidarbela* (Arbela) *dea* Swinhoe]，鳞翅目拟木蠹蛾科昆虫，分布于广东、广西、福建、海南、云南、四川、台湾等省区，为害荔枝、龙眼、杨桃、枇杷、芒果等多种果树。

为害状

幼虫咬食枝干皮层，导致树势衰弱，严重的可使枝干干枯，幼树死亡。

形态特征

● 荔枝拟木蠹蛾成虫

成虫 雌虫体长10~14毫米，翅展20~37毫米；体灰白色，胸、腹部的基部和腹末黑褐色，腹部末端鳞片长达4~5毫米；前翅密布灰褐色横向斑纹，灰棕色斑块，中室及臀区中部各有一黑色斑纹，翅的边缘有成列的灰棕色斑纹；后翅有灰色波纹，边缘有成列的灰色斑纹。雄虫体长11~12毫米，体和翅

主要虫害及其防治

● 荔枝拟木蠹蛾幼虫

● 荔枝拟木蠹蛾成虫

● 荔枝拟木蠹蛾成虫侧面

● 荔枝拟木蠹蛾蛹

● 荔枝拟木蠹蛾幼虫为害状

色较暗。

卵 扁椭圆形，乳白色，卵块鳞片状，外被黑色胶质物。

幼虫 老熟幼虫体长26~34毫米，漆黑色，体壁大部分骨化。

蛹 深褐色，头顶各有1对分叉的突起。

🍃 生活习性

一年发生1代，幼虫在树干隧道洞中越冬，翌年4月下旬化蛹，5月上中旬羽化。初孵成虫在蛀道附近的枝干部上栖息，当晚即可交尾产卵，有弱趋光性，多在直径10厘米以上的枝干树皮上产卵，1只雌蛾产卵20~60粒，常4~5粒一堆，上被黑色黏胶物。卵期14~19天。初孵幼虫体黑色，聚集在树干表面，经爬行分散，爬到枝杈、伤口或树皮裂缝处，蛀食钻洞形成浅坑道，一般1条坑道内只有1头幼虫。幼虫白天藏匿于坑道中，夜晚爬出隧道口啃食树皮并粘缀新隧道。

🍃 防治方法

➡ 每年3—4月蛹期或8—9月幼虫期用铁丝插入坑道，刺杀幼虫和蛹。

➡ 用棉球蘸80%敌百虫乳油50~100倍液塞入蛀道内，或用药液灌入蛀道后用黏土堵塞孔口，杀死幼虫。

➡ 在严重为害的果园，掌握在低龄幼虫盛发期，傍晚用90%敌百虫晶体500倍液、2.5%溴氰菊酯（敌杀死）乳油2 000倍液或10%氯氰菊酯乳油2 000倍液喷湿隧道和隧道附近的树皮，使幼虫夜出取食时中毒而死。

➡ 2—5月幼虫低龄期可在隧道喷白僵菌水剂，让幼虫感病致死。

咖啡豹蠹蛾

咖啡豹蠹蛾（*Zeuzera coffeae* Nietner），又名咖啡木蠹蛾、豹纹木蠹蛾，鳞翅目豹蠹蛾科昆虫，分布于广东、广西、福建、海南、云南、四川、台湾等省区。

为害状

幼虫蛀食枝条，导致被害的枝条干枯，幼树衰弱，甚至死亡。

形态特征

成虫 雌成虫体长18~26毫米，翅展40~52毫米，灰白色，触角丝状；体被灰白色鳞毛，胸背有2行6个青蓝色斑点；前翅各室和后翅亚中褶以前散布有青蓝色斑点，后翅上的斑点色较淡，有光泽。雄成虫体长18~20毫米，翅展33~36毫米，触角基部羽毛状，端部丝状，翅上的点纹较多。

卵 长椭圆形，杏黄色，产于枯枝虫道内。

幼虫 初孵时为紫红色，随幼虫成长，渐变为暗紫红色，虫体生有稀疏的白色细毛，末龄幼虫体长22~30毫米，橘红色，体上白色细毛较短，头部深褐色，前胸背板黄褐色、硬化，前缘两侧各有1个

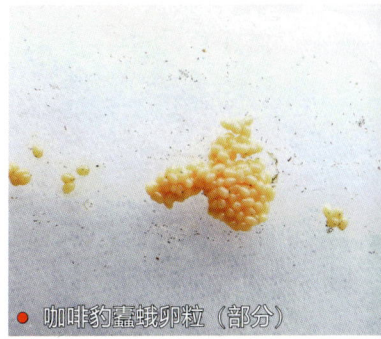
● 咖啡豹蠹蛾卵粒（部分）

● 咖啡豹蠹蛾雌成虫（彭成绩 提供）

● 咖啡豹蠹蛾幼虫

● 咖啡豹蠹蛾蛹

近圆形的黑斑,后缘黑褐色弧形拱起,有3~5列小齿状突起。中胸至腹部各节有两排黑褐色小颗粒突。臀板黑褐色或黄褐色。

蛹 赤褐色。

🍃 生活习性

一年发生2代。以幼虫在被害枝干和龙眼幼苗主干内越冬。2月下旬化蛹,第1代成虫出现期为4—6月,第2代在8月至10月初。成虫白天静伏,黄昏开始活动,有弱趋光性。卵成块产在孔道内,亦有单粒散产于树皮缝、嫩梢顶端或腋芽处。刚孵化的幼虫先吐丝结网覆盖卵块,群集在网下咬食卵壳,2~3天后始分散,多从枝条顶端或腋芽蛀入,然后向枝条或幼苗茎干上部蛀食,导致被害枝条枯萎。此时,幼虫钻出枝条外,向下转移在不远处的节间腋芽处蛀入枝内继续为害,并隔一定距离向外蛀一排泄孔排出粪便,状如洞箫。随着虫龄增大,幼虫渐向下蛀食较大枝条,加速了枝条枯死。老熟幼虫在蛀道内吐丝结缀粪便木屑,堵塞两端作蛹室化蛹。

🍃 防治方法

➡ 幼虫发生为害季节经常检查,及时剪除被害枝条,苗圃则要挖除被害苗木。幼虫蛀入枝条后,可用80%敌敌畏乳油50~100倍液注入虫道或用棉花蘸药液塞入孔内,后用黏土封闭孔口,以毒杀幼虫。

➡ 卵孵化盛期至幼虫蛀入枝条前,于下午至傍晚用药剂喷湿附近枝条的表皮,使幼虫取食致死。药剂可选用:2.5%溴氰菊酯(敌杀死)乳油1 000~1 500倍液、4.5%高效氯氰菊酯(百虫灭)乳油1 000~1 500倍液,或对枝条喷布40%噻虫啉悬浮剂2 000倍液等。

龙眼亥麦蛾

龙眼亥麦蛾（*Hypitima longanae* Yong et Chen），鳞翅目麦蛾科昆虫，分布于广东、广西、福建等省区，为害龙眼嫩梢、花穗，有时也会蛀食果实。

🍃 为害状

幼虫为害嫩茎髓部并向下蛀食，形成隧道，并堆集黑色粉状排泄物，受害枝梢叶片卷曲皱缩不能展开，花穗梗受害形成丛枝状。受害轻时成花率下降，易落花落果。还可蛀食果核，蛀孔明显，孔口周围褐色。

🍃 形态特征

成虫 体长 3.5~5.0 毫米；头顶灰白色，复眼圆形、黑色，触角丝

● 龙眼亥麦蛾幼虫在花穗枝的蛀孔

● 幼虫在嫩枝上的蛀孔

● 龙眼亥麦蛾幼虫在花穗枝的蛀孔

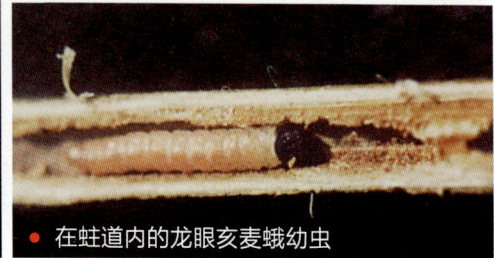
● 在蛀道内的龙眼亥麦蛾幼虫

● 龙眼亥麦蛾成虫

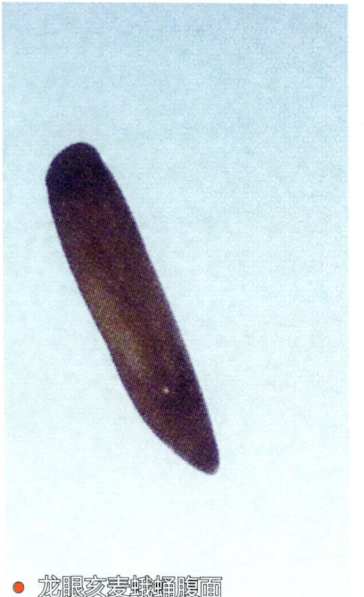
● 龙眼亥麦蛾蛹腹面

状；前翅较宽，灰褐色夹杂有白色、棕色及黑色鳞斑，前缘有突出竖鳞 5 丛，翅基部 2/5 处有一黑色宽带，从前缘伸达后缘，近翅基的中部也有 1 丛竖鳞；后翅狭长，灰色，缘毛极长。

卵　长椭圆形，长径约 0.3 毫米，表面有网状刻纹，初产时淡白色，后变褐绿色。

幼虫　体长 7~9 毫米，体黄白色，头部红褐色，前胸盾宽大、黑色，腹足 5 对。

蛹　黄褐色，触角不伸出腹末，腹末端在肛门两侧有细长的刺钩 20 余根。

🍃 生活习性

一年发生的世代各地不一，但基本都是 5~6 代，世代较重叠，以幼虫或蛹在受害的枝梢内越冬。于 12 月下旬至次年 1 月陆续化蛹，1 月上中旬至 2 月羽化成虫。成虫白天多栖息在树叶或草丛的隐蔽处，晚间进行交尾产卵活动。雌蛾产卵前期 3~5 天，产卵历期 4~8 天，每雌蛾日平均产卵 5~6 粒，多产在新梢顶芽夹缝和嫩叶背面叶脉间，或嫩梢花梗表皮裂缝处。卵散产，卵期 7~11 天。初孵幼虫从卵底直接蛀入嫩梢取食髓部，通常向下蛀食，形成隧道，隧道内壁黑色、光滑，并在适当的部位咬成圆形排粪孔排粪。随着虫龄增大，蛀道向下延伸，排粪孔洞也不断扩大。若新梢老熟，幼虫便转梢为害。幼虫共 4 龄，一生可转梢为害 1~2 次。老熟幼虫在蛀道排粪洞口近处化蛹。

🍃 防治方法

➡ 及时剪除被害枝梢，集中烧毁。

➡ 每次新梢抽出初期进行喷药防治，10~15 天后再喷 1 次。用药参考蒂蛀虫防治。

荔枝干皮巢蛾

荔枝干皮巢蛾（*Comoritis albicapilla* Moriuri），又名荔枝巢蛾，鳞翅目巢蛾科昆虫，分布于广东、广西、台湾等省区，为害荔枝、龙眼、芒果等果树及一些绿化树木。

为害状

幼虫咬食树干或较粗大的枝条皮层，致树皮粗糙，皮层龟裂，破坏树体营养物质的输送，削弱树体，严重的可造成枯枝落叶，是导致荔枝树早衰的重要原因之一。

● 荔枝干皮巢蛾在龙眼枝干的为害状

主要虫害及其防治

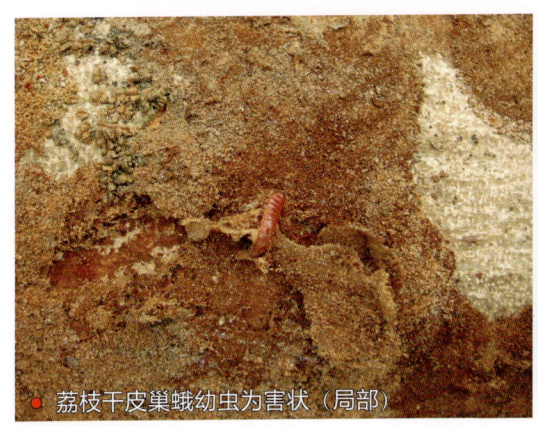
● 荔枝干皮巢蛾幼虫为害状（局部）

● 幼虫为害状

🍃 形态特征

成虫 雌成虫体长 10~12 毫米，翅展 24~27 毫米；体红褐色，头顶鳞毛白色，触角丝状，基部白色；前翅被白色至银白色鳞粉，肩角处有 5~7 个分两行、呈弧形排列的深蓝色斑点，中室末端有 2 个较大的蓝色斑；后翅白色，有较长的缘毛。雄成虫体长 8~10 毫米，翅展 22~25 毫米，触角羽状，前翅特征与雌成虫相似。

卵 红枣状，卵壳表面有网状花纹，初产时黄白色，近孵化时淡蓝色。

幼虫 老熟幼虫体长 15~20 毫米，扁平，红褐色，体表光滑、少毛，体壁蜡质层较厚；胸部最宽阔，胸足 3 对，发达，末端爪尖锐。

● 荔枝干皮巢蛾雄成虫

● 荔枝干皮巢蛾雄成虫前翅展开

荔枝干皮巢蛾幼虫

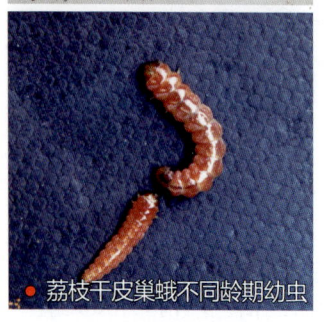
荔枝干皮巢蛾不同龄期幼虫

蛹 黄褐色。

茧 船形，由树皮碎屑、粪粒、吐丝交织缀合而成。

生活习性

在华南地区一年发生1代，以幼虫越冬。每年3月下旬至5月初陆续化蛹，4月中旬为化蛹的盛期。蛹历期13~20天。成虫羽化盛期为5月上旬。成虫多于白天上午羽化，当晚可行交尾，次日夜间产卵。卵散产在树干或较粗大枝条的皮层缝隙。成虫连续产卵约3天，寿命5~7天。幼虫孵出后吐丝交织呈条状或斑块状的网道，并匿居其中取食、生长。低龄幼虫结成的网状块较小，近圆形，随着虫龄的增大，食量加大，将红褐色粉末状粪便和屑末黏附在网道表面，网道随之加大加厚。在龙眼树干分叉处为害时，幼虫在龟裂缝中取食皮层，裂缝里排出褐红色颗粒状粪便。一般同一网道内有幼虫一至数头。幼虫历期300天以上。老熟幼虫在网道下吐丝结一梭形茧后化蛹。预蛹历期4~5天。

防治方法

➯ 为害严重的果园，4—5月用石灰浆涂刷树干及大枝，防止成虫产卵。在幼虫发生初期，用竹片刮去遮盖幼虫的"帷幕"，杀死幼虫。

➯ 对虫口密度较大的果园，在6—7月先用竹扫或钢刷刷去"帷幕"，然后喷药杀死幼虫，药剂可选用90%敌百虫晶体800倍液、95%机油乳剂200倍液等。

龙眼蚁舟蛾

龙眼蚁舟蛾（*Stauropus alternus* Walker），鳞翅目舟蛾科昆虫，为害荔枝、龙眼等多种南方果树及一些林木。

🍃 为害状

幼虫为害新梢叶片，使叶片呈缺刻状，或枝梢被咬断。由于食量大，常把叶肉与脉一起咬食，严重时整株枝叶被咬光。

🍃 形态特征

成虫 体长20~23毫米，翅展40~45毫米；雌成虫触角线状，红褐色；前翅灰褐色，基部有2个棕黑色点；后翅褐色，前半部暗褐色，

● 龙眼蚁舟蛾低龄幼虫

中央有2条灰白色短线；雄成虫触角茎部2/3为羽毛状，其余为线形，红褐色。

卵 长椭圆形，灰白色。

幼虫 头部黑褐色，胸足黑色，身体和腹足暗红褐色至黑褐色，腹部第1~6节背面各具1对瘤突，前3对明显；栖息时以腹足固定，首尾部翘起，形似大蚂蚁，也似小舟，故称蚁舟蛾。

蛹 椭圆形，黄褐色。

● 龙眼蚁舟蛾成虫

生活习性

一年发生6~7代，无越冬现象。幼虫4月开始为害嫩叶，为害盛期为5—9月。卵多产于树冠下部枝叶上，呈不规则念珠状排列。初孵幼虫群栖为害，3龄以后食量大增，大发生时可把整株嫩枝叶食光；老熟幼虫在枝条、树杈处吐丝结椭圆形黄褐色茧化蛹。

● 龙眼蚁舟蛾幼虫咬食叶片

防治方法

➡ 少量发生时，结合修剪或疏花疏果捕杀。

➡ 注意保护天敌。

➡ 幼虫发生比较严重的果园，可喷2.5%高效氯氟氰菊酯（功夫）乳油1 000~1 500倍液或20%甲氰菊酯（灭扫利）乳油2 000倍液。

细皮瘤蛾

细皮瘤蛾（*Melanographia flexilineata* Hampson），鳞翅目瘤蛾科昆虫。

🍃 为害状

低龄幼虫为害嫩芽、嫩叶；高龄幼虫取食老叶，仅留叶脉，使树势衰弱。第1代幼虫也为害果实，啃食果皮，影响外观，甚至使果实失去食用价值。

🍃 形态特征

成虫 体长9~10毫米，翅展23毫米左右，雄虫略小；体灰白色，有银光；前翅灰白色，有3条黑色、弯曲的横纹；在外方的一条呈不规则锯齿状，外缘毛上有7个排列整齐的黑色锯齿形斑；后翅淡灰色。

● 细皮瘤蛾成虫

卵 扁圆形，初产时黄白色，后变为淡黄色。

幼虫 体长22~33毫米，头、体背部黄褐色，腹面草绿色；中胸、后胸及腹部各节背面每节生有3对毛瘤，上生刺毛，第6节背面有1对明显的黑褐色毛瘤。

● 细皮瘤蛾幼虫

蛹 淡褐色。

- 细皮瘤蛾蛹茧
- 细皮瘤蛾幼虫为害荔枝叶片
- 细皮瘤蛾蛹茧
- 细皮瘤蛾蛹

生活习性

在华南地区一年发生4代，以蛹在茧内越冬，翌年4—5月化蛹。卵散产于嫩叶背面。初孵幼虫群集在嫩叶正面取食叶肉，2龄后分散为害。被害叶仅留表皮、叶脉。嫩叶食完，转移到老叶、嫩茎、花果取食。老熟幼虫在叶背主脉上或枝干荫蔽处结茧化蛹。

防治方法

→ 可人工摘蛹和人工捕杀初孵幼虫。

→ 掌握在幼虫初孵期喷药防治。药剂可选用2.5%鱼藤精乳油500倍液或4.5%高效氯氰菊酯（百虫灭）乳油1 000~1 500倍液等。

荔枝小灰蝶

荔枝小灰蝶（*Deudorix epijaarbas* Moore），鳞翅目灰蝶科昆虫，为害荔枝、龙眼果实。

为害状

幼虫蛀食果核，蛀孔近圆形，近缘光滑，蛀孔外不附着虫粪，蛀孔多朝下，被害果干枯后多不脱落。

形态特征

成虫 雌成虫前后翅灰褐色，后翅后缘白色；雄成虫前翅基部红色，前缘、外缘以及后翅基部与前缘均为黑色，其余为红色；雌雄虫后翅臀角有一圆形突，上有一圆形黑点，周围黄色，外围为黑褐色。

卵 圆形，底面平，顶端中央略凹扁，卵壳表面有多角形纹。

幼虫 扁圆筒形，粗短，紫灰黄色，末龄时体长16毫米，头小，缩入胸部，取食时伸出。

● 荔枝小灰蝶成虫（雄）

● 荔枝小灰蝶成虫背面（雌）

● 荔枝小灰蝶为害龙眼状

● 荔枝小灰蝶幼虫

● 荔枝小灰蝶幼虫背面

蛹 短圆筒形，背面紫黑色，上有褐色斑，头顶有 1 列粗毛。

🍃 生活习性

在华南地区一年发生 3~4 代，以幼虫在树干表皮裂缝或洞穴内越冬。第 1 代幼虫于 5 月中下旬至 6 月上旬为害荔枝果实。幼虫期 14~16 天，预蛹期 2~3 天，蛹期 7~11 天。成虫昼出，第 2、3 代成虫产卵在龙眼果蒂基部。幼虫为害果实，一般从果实中部蛀入，取食果核，每头幼虫一生可蛀害 2~3 个果，夜间转果为害。当果实长大至果肉包满果核时，极少受其侵害。被害果一般不脱落。老熟幼虫爬离受害果，在树干皮层裂缝等隐蔽处化蛹。

🍃 防治方法

➡ 摘除虫果，钩杀树皮裂缝虫蛹。

➡ 药物防治。谢花后 10 天，喷 90% 敌百虫晶体 800~1 000 倍液，隔 15 天再喷 1 次。还可选用 4.5% 高效氯氰菊酯（百虫灭）乳油、2.5% 高效氯氟氰菊酯（功夫）乳油 1 000~1 500 倍液等防治。

苹果灰蝶

苹果灰蝶（*Fixsenia pruni* L.），鳞翅目灰蝶科昆虫，为害荔枝、龙眼等果树。

🍃 为害状

幼虫为害嫩叶，造成缺刻，老龄幼虫可将叶片食光，有的还咬食嫩茎皮层。

🍃 形态特征

成虫 体长约12毫米，翅展35毫米，翅栗褐色，雄蝶前翅中室上方有淡色性标；雌、雄蝶2~3室有橙红色斑，尾状突起细；翅反面黄褐色，中部横线银白色，前翅外缘有黑色圆点数个，由前向后依次渐大，内侧有白色新月形纹，后翅外缘有橙红色带，内侧有黑色圆点，镶有白色新月形纹，尾状突起前有一黑点，臀角黑色。

● 苹果灰蝶成虫

卵 单个散生。

幼虫 扁圆筒形，短粗，黄绿色，背线深绿色，胸、腹各节气门上线各有1对突起，突起尖端紫红色。

蛹 黑褐色。

● 苹果灰蝶幼虫

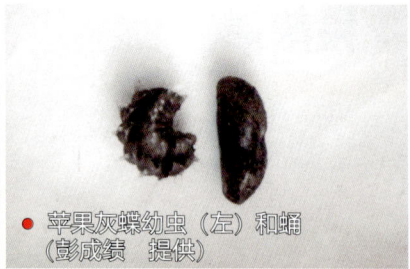
● 苹果灰蝶幼虫（左）和蛹
（彭成绩　提供）

● 苹果灰蝶幼虫

🍃 生活习性

4月中旬至5月，幼虫为害龙眼叶片和幼果，10月在李树叶上取食。

🍃 防治方法

参照荔枝小灰蝶防治。

主要虫害及其防治

荔枝瘿螨

荔枝瘿螨（*Eriophyes litchii* Keifer），蜱螨目瘿螨科昆虫，别名毛蜘蛛，被害后症状又称毛毡病，在华南荔枝、龙眼产区均有分布。

🌿 为害状

成螨、若螨为害嫩芽、叶片、花穗和幼果，吸食汁液。叶片被害部位最初出现无色透明、稀疏的细绒毛，后逐渐增多变为乳白色、黄褐色至棕褐色，表面形似毛毡状，被害叶片凹陷，叶面突起，致叶面扭曲、畸形。为害花穗，使花器膨大呈绒球状，不能开花结果。被害

● 荔枝瘿螨为害的叶背后期症状

● 荔枝春梢嫩叶被害症状呈灰白色

● 荔枝幼芽被害状

● 荔枝瘿螨为害状

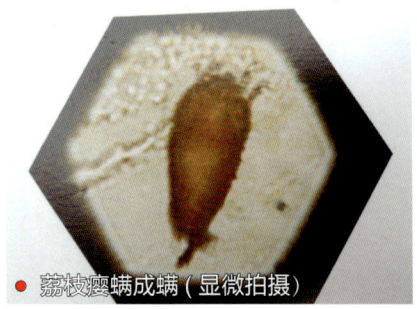
● 荔枝瘿螨成螨（显微拍摄）

幼果果皮龟裂峰粗糙、变褐色、畸形，不能正常发育，终致脱落。

🍃 形态特征

成螨 体长约0.2毫米，狭长，蠕虫状，体前端宽，后端尖细。体色呈淡黄色，后逐渐变为橙黄色，腹部密生环纹，头胸部有足2对，并具螯肢和须肢各1对，腹末端有刚毛1对。

卵 圆球形，淡黄色，半透明，光滑。

若螨 体似成螨，略小，灰白色，半透明，腹部环纹不明显，尾端尖细。

🍃 生活习性

一年发生16代以上，世代重叠，在广西、广东一年四季均可见各种虫态，无明显越冬现象。一般在1—2月螨体在树冠内膛的晚秋梢或冬梢被害叶毛毡基部过冬，但气温稍暖仍可见其活动。2月下旬至3月，过冬后螨体陆续迁移到春梢嫩叶和花穗上为害繁殖，4月上旬以后繁殖量逐渐增大，5—6月为全年螨口密度的高峰期，为害最重。成螨、若螨生活、产卵、繁殖均在虫瘿绒毛间，平时不大活动，一旦受阳光照射或雨水淋湿则活动较活跃。当荔枝新梢芽体萌动至幼叶展开时，螨虫从老虫瘿绒毛间逐渐转移至新芽上，潜入未伸展的嫩叶基部空隙取食、繁殖。入侵为害 5~7 天，嫩芽外周受刺激生长出白色绒毛。随着新梢的生长和螨虫不断繁殖，受害处的绒毛逐渐增多，其颜色由乳白色、半透明变为黄褐色，以后由黄褐色转变为鲜褐色、褐色。

● 荔枝春梢嫩叶被害症状从灰白色渐转赤褐色，叶片卷曲

● 荔枝瘿螨为害的叶面后期症状

防治方法

➡ 采果后及时修剪，剪除病虫为害枝和过密枝、阴生枝，集中烧毁，减少虫源。

➡ 严格控制冬梢抽发，减少越冬虫口密度。

➡ 冬季清园后喷 0.3~0.5 波美度石硫合剂 1~2 次，45% 晶体石硫合剂 150 倍液或 50% 硫黄悬浮剂 300 倍液。

➡ 在荔枝萌芽后至毛毡状灰白色前喷如下农药有效：1.8% 阿维菌素微乳剂 2 000~3 000 倍液、15% 哒螨灵乳油 1 000~1 500 倍液、50% 溴螨酯乳油 1 000~1 500 倍液、110 克/升乙螨唑悬浮剂 4 000~5 000 倍液。

● 荔枝瘿螨为害叶片、花蕾和幼果

龙眼瘿螨

龙眼瘿螨（*Eriophyes dimocarpi* Kuang），蜱螨目瘿螨科昆虫，分布于广东、广西、福建等省区，为害龙眼花穗及新梢幼叶。

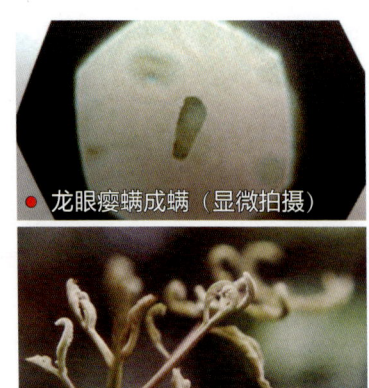

龙眼瘿螨成螨（显微拍摄）

龙眼瘿螨为害状

为害状

成螨、若螨在花穗及刚萌发未展开的幼叶上刺吸汁液，致使花穗节间缩短，不能正常伸长，花蕾不能正常开放，成为臃肿花丛，久不脱落。嫩梢受害后节间缩短，侧棱丛生，幼叶叶缘内卷不能开展，呈弓形瓜状。果农称前者为"鬼花"，后者为"鬼梢"，受害状与鬼帚病相似。

形态特征

成螨 体长160微米，宽为40微米，体色黄白，胡萝卜状。
卵 圆形，透明。
若螨 体长65~70微米，乳白色。

生活习性

瘿螨喜阴畏光，因此多发生在内膛阴生枝新梢顶芽未展开的复叶内。一年中花期虫口密度最高，一朵小花内可藏匿百头以上，子房、花药上也可带螨，秋梢期的虫口密度次之，夏梢又次之。梢期瘿螨基本集中在顶芽内为害，复叶分层展叶期出现转移活动。

防治方法

参照荔枝瘿螨防治。

荔枝红蜘蛛

荔枝红蜘蛛（*panonychus* Mcgregor），蜱螨目叶螨科昆虫，近年发现为害荔枝、龙眼，尤其是荔枝，有逐渐成灾的趋向。

为害状

成螨、幼螨、若螨为害叶片，吸取汁液，被害叶片失去光泽，呈灰白色或赤褐色，叶片叶绿素被破坏，光合作用下降，提早脱落，导致树势衰退。

形态特征

雌成螨近椭圆形，体长 0.4 毫米，暗红色，体背有瘤状突起，上

● 荔枝叶片被害状

生白色刚毛。雄成螨近楔形，长0.33毫米，鲜红色，后端略尖。卵圆球形略扁平，红色有光泽。卵上有垂直小柄，柄端有10~12根向四周辐射的细丝，可附着于叶片上。幼螨近圆球形，体长0.2毫米，色较淡，足3对。幼螨形状、色泽与成螨相似，但个体略小，足4对。

生活习性

一年发生18代，世代重叠。雌虫平均寿命约20天。每雌虫产卵31~62粒。卵期冬天长达60多天，夏天只有4~5天，并可行孤雌生殖，但其后代均为雄虫。在日平均19.83~29.86℃时，平均1代历时20.25~41天。在广东全年有发生，一般4月开始多发生，7—10月如遇秋旱，发生严重。

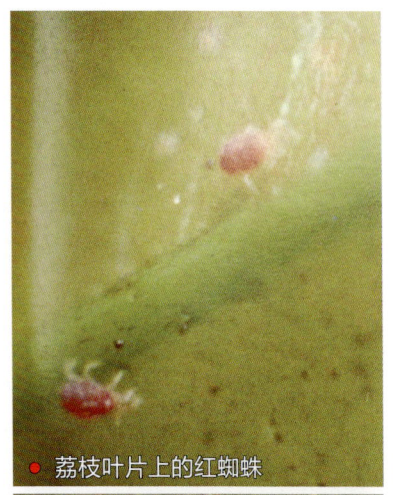
● 荔枝叶片上的红蜘蛛

● 荔枝叶片上的红蜘蛛（放大）

防治方法

➡ 抓好冬季清园，喷1~2次1~2波美度的石硫合剂，消灭越冬害虫。

➡ 发现有虫害可进行挑治，并注意保护天敌。

➡ 抓初发生期防治，控制成灾。当每片叶有2~3头红蜘蛛时，要全面喷药防治，可选用73%克螨特乳油1 500~2 000倍液、1.8%阿维菌素乳油2 000~3 000倍液等。

荔枝叶瘿蚊

荔枝叶瘿蚊（*Litchiomyia chinensis* Yang et Luo），双翅目瘿蚊科昆虫，分布于广东、广西、海南等省区，为害荔枝叶片。

🍃 为害状

成虫分散产卵于荔枝红色嫩叶背面，孵出的幼虫侵入荔枝嫩叶为害，初期出现水渍状点痕，随着幼虫生长，点痕逐渐向叶面、叶背两面突起，形成瘤状虫瘿。严重时叶片布满虫瘿，导致叶片畸形、扭曲，严重时嫩叶枯焦或被害处后期干枯、穿孔。

● 荔枝叶瘿蚊幼虫为害状

荔枝龙眼病虫害原色图说

● 荔枝叶瘿蚊为害后期症状

● 荔枝叶瘿蚊幼虫为害状

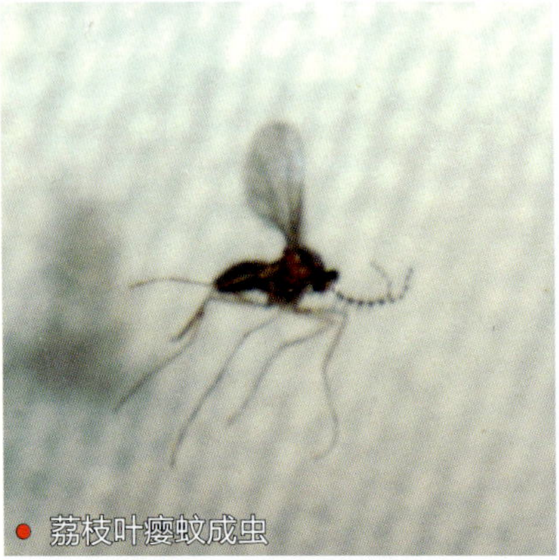

● 荔枝叶瘿蚊成虫

● 荔枝叶瘿蚊幼虫及为害状

● 荔枝叶瘿蚊幼虫

● 荔枝叶瘿蚊幼虫在虫瘿内

形态特征

成虫 体长 1.5~2.5 毫米，橙红色，密生黑色微毛；触角 13 节，雄虫亚鞭节具长颈，雌虫亚鞭节的颈极短；雄虫尾器发达，骨化，呈钳状；雌虫产卵器短，有两对长刚毛。

卵 淡黄色，透明，镶嵌于嫩叶表面。

幼虫 蛆形，13 节，体长 1.3~2.5 毫米，低龄白色，高龄橙红色，胸骨片"Y"形，红褐色。

蛹 被蛹，圆筒形，长 1.8~2.0 毫米，初期橙红色，后变为红棕色，复眼、翅芽、触角、足均黑色，部分蛹具薄茧。

生活习性

一年发生 6~7 代，世代重叠。幼虫在被害叶片的虫瘿内越冬，翌年 2 月中下旬，越冬的老熟幼虫钻出虫瘿坠入土中化蛹，3 月中下旬羽化出土并交尾、产卵。在同一年份，春梢比秋梢受害重，而夏梢、冬梢受害轻。果园偏施氮肥，荔枝叶片组织柔软，老熟期延长，叶瘿蚊入侵率高；成龄投产荔枝园比幼龄树园受害严重；茂密的荔枝园，果园荫蔽、通风透光性差或发梢次数多的苗木及幼树受害较重；同一植株靠近地面或内膛阴生枝的叶片受害率高。

防治方法

➡ 采果后修剪，剪除虫枝、过密枝、阴生枝、使树冠通风透光。

➡ 在越冬代成虫羽化前，土施 50% 辛硫磷乳油 500 倍液。

➡ 为害严重的果园，可在新梢展叶期喷药防治，防止成虫产卵于叶片上，可选用 50% 辛硫磷乳油 1 000 倍液、48% 毒死蜱乳油 1 000~1 200 倍液、2.5% 溴氰菊酯乳油 1 500~2 000 倍液、4.5% 高效氯氰菊酯乳油 1 500~2 000 倍液等。

龙眼角颊木虱

龙眼角颊木虱（*Cornegenapsylla sinica* Yang et Li），同翅目木虱科昆虫，分布于福建、广东、海南、广西、云南、贵州等省区，仅为害龙眼叶片。

为害状

成虫在嫩梢、芽、叶上吸取汁液，若虫固定在叶片背面吸食导致叶背下陷、叶面有钉状突起的虫窝，叶片扭曲畸形，严重受害叶片变黄早落，树势衰弱。据报道，该虫为龙眼鬼帚病的传毒媒介。

- 龙眼角颊木虱若虫为害龙眼嫩叶

主要虫害及其防治

● 龙眼角颊木虱交尾产卵（小白点为卵粒）

● 龙眼角颊木虱若虫为害龙眼嫩叶（白点为若虫）

● 正在蜕皮换龄的龙眼角颊木虱若虫

● 龙眼角颊木虱若虫

● 龙眼角颊木虱成虫

🍃 **形态特征**

成虫 体长 2.5~2.6 毫米，体背黑色，腹面黄色，头部短宽，颊锥极发达，圆锥形，向前侧方平伸，触角末端有 2 根刚毛；翅透明，前

135

翅具"K"形黑色条纹，后翅稍短，狭条形，无黑色条斑；腹部圆锥形。

卵 长卵形，前端尖细并延伸一根长丝，后端钝圆并具短柄，固定于植物组织上；初产为乳白色，近孵化时褐色。

若虫 体淡黄色，扁平，复眼鲜红色，周缘有蜡丝；3龄若虫翅芽显露，体周缘蜡丝乳白色；4龄翅芽前后重叠，体背褐色斑纹也逐渐显现。

🍃 生活习性

在福建一年发生3~5代，在广东惠州一年发生7代，在华南地区一年发生7代以上，以若虫在被害叶的钉状窝内越冬。翌年2月下旬至3月上旬为越冬代成虫羽化期。成虫在白天上午羽化最多，羽化后成虫在嫩梢上栖息约1天后开始交尾，交尾后3天产卵。卵散产在嫩叶背、新梢、顶芽、嫩叶柄、花穗枝梗等处，以嫩叶背和嫩梢枝梗上着卵最多，已转绿的幼叶着卵极少。每雌虫一生产卵多的达100余粒，少的也有20粒左右。卵历期：春季8~9天，夏季5~6天。初孵若虫在幼叶背爬行，选择适合部位吸取汁液，2~3天后受害部位叶面上突，叶背凹陷，形成虫穴。若虫一生在穴内生活，直到羽化前才从穴内爬出蜕皮变为成虫。成虫在新梢嫩芽、幼叶上取食栖息，头端下俯，腹端上翘，白天午间较高温时较活跃，遇惊动能起跳作短距离飞翔。雌虫寿命4~8天，雄虫3~6天。

🍃 防治方法

➡ 加强肥水管理，促使新梢整齐抽出、生长转绿快，可减轻为害。

➡ 掌握在新芽抽出长约5厘米时开始喷药，相隔7天再喷1次。药剂可选用：25%噻嗪酮（优乐得、扑虱灵）可湿性粉剂1 000倍液、10%氯氰菊酯乳油1 000~1 500倍液、2.5%高效氯氟氰菊酯（功夫）乳油1 000~1 500倍液、10%吡虫啉可湿性粉剂1 500~2 000倍液、1.8%阿维菌素微乳剂2 000~3 000倍液等。

黑刺粉虱

黑刺粉虱（*Aleurocanthus spiniferus* Quaintance），又称橘刺粉虱，同翅目粉虱科昆虫，为害荔枝、龙眼、柑橘、橄榄、枇杷等果树和一些绿化树木。

🍃 为害状

以幼虫群集在寄主叶背为害，被害处黄化，分泌物诱发煤烟病发生，严重影响植株生长及开花结果。

🍃 形态特征

雌虫体橙黄色，薄被白色蜡粉，体长 0.90~1.35 毫米，复眼红色，前翅紫褐色，停息时左右翅合拢呈屋脊状，外缘有 4 个白斑，第 1 个

● 黑刺粉虱若虫为害龙眼叶片和淡灰色卵粒（圆圈状排列）

白斑最大，白斑内有黑斑，其余白斑逐渐变小；内缘有4个小白斑。雄虫体较小，腹末有抱握器。

生活习性

一年发生代数各地区不同，华南地区一年发生5~6代，越冬有卵、若虫和伪蛹并存。田间世代重叠。初羽化的成虫，体橙黄色至红色，停在原处，后转至嫩叶背面取食，喜较荫蔽的环境，羽化后2~3天便可交尾产卵在寄主叶背，卵散产或密集成圆弧形。初孵若虫体黄白色，作短距离爬行后固定位置吸食，每次蜕皮后将皮留在体背上直至为伪蛹。若虫排出蜜露，诱发煤烟病。

● 荔枝叶片上的黑刺粉虱成虫

● 黑刺粉虱，橙红色者为刚蜕皮后的成虫虫体

防治方法

➡ 加强栽培管理，增强树势，合理修剪，使果园通风透光性好，以减少虫害发生。

➡ 保护天敌，在成虫盛发后1~2周，采集被寄生蜂寄生呈肿胀状的粉虱若虫和蛹，连叶摘下，转移到为害严重的园中，利用寄生蜂"以虫治虫"。

➡ 掌握在1~2龄若虫盛发期喷药防

● 黑刺粉虱若虫、成虫和粒卵

治效果明显。药剂可选用25%噻嗪酮（扑虱灵、优乐得）可湿性粉剂1 500倍液、10%吡虫啉可湿性粉剂2 000~2 500倍液或20%甲氰菊酯（灭扫利）乳油2 000倍液等。

荔枝褶粉虱

荔枝褶粉虱(*Aleurotrachelus* sp.),同翅目粉虱科昆虫,是广东新发现为害荔枝的一种粉虱。

为害状

以若虫为害叶片,叶面出现黄斑点,并诱发煤烟病。若虫死亡后还会引起霉菌发生。

形态特征

成虫 体橘红色,薄覆白粉,体长约0.5毫米,前翅灰黑色,有9个不规则白斑,后翅较小,淡灰色。雄虫体较小。

● 荔枝褶粉虱为害状

● 荔枝褶粉虱成虫

● 荔枝褶粉虱若虫

卵 长圆形，白色至淡黄色。

若虫 初孵若虫淡黄色，老龄若虫几近圆形，体长0.8毫米，扁平，背部中央稍隆起，浅黄色至棕黄色；体缘齿双层，胸部背面两侧有褶折，管状孔小。

蛹 与3龄幼虫相似。

🍃 生活习性

一年发生代数不详，为局部性害虫，主要发生在通透性差的山窝果园。以老熟若虫和蛹在叶背越冬，翌年3月羽化，为害荔枝春梢，并产卵于叶背。孵化后的若虫固定在叶背吸取汁液，使叶片出现黄斑点。第1代成虫于5月出现，为害夏梢，世代重叠。最后一代为害秋梢，并发育成长成越冬代。

🍃 防治方法

参考黑刺粉虱防治。

螺旋粉虱

螺旋粉虱（*Aeurodicus disperses* Russell），同翅目粉虱科昆虫，是外来入侵害虫。

🍃 为害状

若虫与成虫直接以口针于叶背吸食寄主植物汁液，严重发生时诱发煤烟病，影响树势。

🍃 形态特征

成虫 雌、雄虫体长分别为 1.97 毫米与 2.10 毫米；初羽化时翅透明，几小时后翅面覆有白粉；雌雄个体有两种形态，即前翅有翅斑型和前翅无翅斑型。雄虫腹部末端有铗状交尾握器。

● 螺旋粉虱成虫

● 螺旋粉虱成虫（白色）与黑刺粉虱若虫混在一起为害

卵 长椭圆形，表面光滑，卵的一端有一柄状物；初为白色透明，后渐变淡黄色。

若虫 共有4龄，各龄初蜕皮时均透明无色，扁平状，但随着发育逐渐变为半透明且背面隆起；各龄体形相似，但随发育程度由细长转为椭圆形；1龄若虫具分节明显的触角与具功能性之足，而其他龄期若虫的触角与足均退化；1~3龄若虫分泌的蜡粉量较少且短，至4龄若虫时分泌蜡粉量大增且其絮毛可长达8毫米。

蛹 体上有白色蜡丝，四周蜡丝絮状。

🍃 生活习性

卵散产在叶片正背两面，若虫孵出后先行爬行，后固定在叶片主脉两侧吸取汁液。在台湾盛发期为秋季（10—12月），春、冬季次之，夏季很少。大雨、低温会减少其族群密度。

🍃 防治方法

参照黑刺粉虱防治。

堆蜡粉蚧

堆蜡粉蚧（*Nipaecoccus vastalor* Maskell），又名橘鳞粉蚧，同翅目粉蚧科昆虫，分布于广东、广西、福建、台湾、江西、湖南等省区，为害柑橘、荔枝、龙眼、黄皮、番荔枝等果树。

🍃 为害状

以成虫、若虫取食嫩梢叶片、花穗、果实的汁液，严重时引起新梢叶片弯曲畸形，影响正常生长，常引起落花落果，并分泌蜜露诱发煤烟病，影响光合作用以及果实的商品质量。

🍃 形态特征

成虫 雌成虫椭圆形，长 3~4 毫米，体紫黑色，触角和足草黄色；足短小，爪下无小齿；全体覆盖厚的白色蜡粉，在每一体节的背面都横向分为 4 堆，整个体背则排成明显的 4 列；虫体的边缘排列着粗短的蜡丝，体末 1 对较长，常多头雌虫堆在一起。雄成虫体酱紫色，长约 1 毫米，翅 1 对，半透明，腹末有 1 对白色蜡质长尾丝。

卵 淡黄色，椭圆形，藏于淡黄白色的绵状蜡质卵囊内。

● 堆蜡粉蚧为害龙眼果实诱发煤烟病

● 堆蜡粉蚧幼蚧为害龙眼果实

若虫 形似雌成虫，紫色，初孵时无蜡质，固定取食后，体背及周缘即开始分泌白色粉状蜡质，并逐渐增厚。

蛹 外形似雄成虫，但触角、足和翅均未伸展。

🌿 生活习性

在华南地区一年发生5~6代，以若虫和成虫在树干、枝条的裂缝或洞穴及卷叶内越冬。2月初开始活动，主要为害春梢，并在3月下旬前后出现第1代卵囊。各代若虫发生盛期分别出现在4月上旬、5月中旬、7月中旬、9月上旬、10月上旬和11月中旬。但第3代以后世代明显重叠。若虫和雌成虫以群集于嫩梢、果柄和果蒂上为害较多，其次是叶柄和小枝。其中第1、2代成、若虫主要为害果实，第3~6代主要为害秋梢。常年以4—5月和10—11月虫口密度最高。

● 堆蜡粉蚧为害龙眼果实状

● 龙眼果面上的堆蜡粉蚧幼蚧

🌿 防治方法

➡ 加强果园管理，注意修剪，减少虫源，又使树冠通风透光可减少为害。果园周围要控制刺合欢种植，避免野生寄主传播病原。

➡ 幼龄果树，发生数量不多时人工清除。

➡ 合理施药，保护天敌。

➡ 掌握在若虫盛孵期的4月下旬至5月上中旬，喷药防治。可选用45%松脂酸钠可溶性粉剂100~200倍液、25%噻嗪酮可湿性粉剂1 000~1 500倍液、40%杀扑磷乳油1 000倍液等。

垫囊绿绵蜡蚧

垫囊绿绵蜡蚧（*Chloropulvinaria psidii* Maskell），同翅目蚧总科昆虫，为害荔枝、龙眼、番石榴等果树。

🍃 为害状

若虫和雌虫固定在叶片、新梢上刺吸汁液，严重时引起落叶，影响正常生长。为害果实，分泌的蜜露滴落在荔枝、龙眼果肩上，诱发煤烟病，影响果实外观。

🍃 形态特征

成虫 雌成虫椭圆形，淡黄绿色，腹末臀裂明显，背面隆起，腹面平，胸足不发达；体背被一层软而薄的蜡质覆盖；产卵前在虫体腹面及侧面分泌白色蜡质绵状卵囊。

卵 椭圆形，乳白色，近孵化时淡黄色。

若虫 椭圆形，略扁平，淡黄绿色。

🍃 生活习性

在华南地区一年发生3~4代，以若虫和未形成卵囊的雌成虫在果

● 垫囊绿绵蜡蚧雌蚧在荔枝叶片上

● 垫囊绿绵蜡蚧雌蚧为害荔枝幼果

● 垫囊绿绵蜡蚧雌蚧在龙眼叶片上

● 垫囊绿绵蜡蚧（上白色的开始形成卵囊）

● 垫囊绿绵蜡蚧为害并诱发煤烟病

树的叶背、卷叶、秋梢和早冬梢顶芽上或枝干皮隙处越冬。翌年1月下旬至2月上旬越冬后的雌成虫开始形成卵囊，第1代雌成虫出现于4月下旬，第2代出现于8月下旬，第3代出现于11月上旬。卵产在卵囊内。初孵幼虫从卵囊爬出，向新梢嫩叶、花穗、果实爬行，约在1天内即群集固定取食。在若虫取食期一旦遇惊扰仍可移动，但雌虫开始产卵后即固定不动。卵产完后，虫体渐干缩死亡，呈褐色小黄片贴附在卵囊前端。

🍃 防治方法

➡ 加强果园管理，特别要注意修剪，减少虫源，又使树冠通风透光可减少为害。果园周围要控制刺合欢种植，避免野生寄主传播病原。

➡ 幼龄果树，发生数量不多时可人工清除。

➡ 合理施药，保护天敌。

➡ 掌握在若虫盛孵期的4月下旬至5月上中旬，喷药防治。药剂选用，参考堆蜡粉蚧防治。

白轮盾蚧

白轮盾蚧（*Aualcaspis tubereularis* Nemst），同翅目盾蚧科昆虫，为害荔枝、芒果、柑橘、枇杷等果树。

🍃 为害状

成虫、若虫群集叶片上为害，诱发煤烟病，影响光合作用。

🍃 形态特征

成虫 雌成虫介壳近圆形，半透明，白色，第1、2次蜕皮壳突出于前端，黑褐色，边缘黄绿色，具中脊。雄虫介壳长形，白色，壳点1个，位于介壳端部。

卵 紫红色，长椭圆形。

● 白轮盾蚧为害荔枝叶片

● 白轮盾蚧雄蚧（左）和雌蚧　　● 白轮盾蚧雌蚧

● 白轮盾蚧雌蚧和幼蚧　　● 白轮盾蚧为害龙眼叶片

若虫　橙红色，椭圆形。

🍃 生活习性

一年发生2~3代，以2龄若虫及少数雌成虫越冬。翌年3—4月，越冬代成虫羽化、交尾、产卵。第1代产卵盛期在4月中下旬，卵产在介壳下，每雌虫可产卵几十粒至百余粒。初孵若虫在母介壳下停留1~2天后爬出介壳。雌若虫爬行能力强，雄若虫爬行能力弱，往往群集在母体附近。喜欢阴湿环境，树冠下层的虫口密度较大。

🍃 防治方法

➡ 冬季清园。剪除受害叶片，减少翌年虫源；用松脂合剂8~10倍液或99.1%绿颖矿物油150~200倍液喷雾。

➡ 卵盛孵期喷药防治，药剂可选用20%甲氰菊酯（灭扫利）乳油1 000倍液等拟除虫菊酯类药剂。

银毛吹绵蚧

银毛吹绵蚧（*Icerya seychellarum* Westwood），同翅目硕蚧科昆虫，为害荔枝、龙眼、枇杷、橄榄等多种果树和林木。

🍃 为害状

以若虫和雌虫刺吸嫩芽、枝条及果实汁液，也可引起煤烟病，使树势衰弱，降低产量和果实品质。

🍃 形态特征

雌成虫卵圆形，虫体背稍隆起，黄色至橘红色，体被黄色至白色

● 银毛吹绵蚧

● 龙眼果实上的银毛吹绵蚧

● 银毛吹绵蚧为害龙眼

块状蜡质物。有许多放射状排列的银白色蜡丝。体缘蜡质突起较大，淡黄色。

🍃 生活习性

一年发生1代，以3龄若虫和受精雌虫越冬，翌春继续为害，成熟后分泌卵囊于3月中下旬开始产卵，第1代若虫4月下旬至6月盛发。第2代7月上旬开始孵化，分散转移到枝干、叶和果实上为害，9月雌虫多转移到枝干上群集为害，交配后雄虫死亡，雌虫为害至11月后陆续越冬。

🍃 防治方法

➡ 加强果园管理，特别要注意修剪，减少虫源，又使树冠通风透光可减少为害。果园周围要控制刺合欢种植，避免野生寄主传播病原。

➡ 幼龄果树，发生数量不多时可人工清除。

➡ 合理施药，保护天敌。

➡ 药剂防治，参照堆蜡粉蚧防治。

角蜡蚧

角蜡蚧（*Ceroplastes ceriferus* Green），又名角蜡虫、白蜡虫，同翅目蜡蚧科昆虫，为害龙眼、荔枝、芒果、柑橘等多种果树。

🍃 为害状

若虫、雌成虫在寄主的枝条或叶片上刺吸汁液，使受害果树生势衰弱，枝枯叶黄，并诱发煤烟病，严重时整株死亡。

🍃 形态特征

成虫 雌成虫蜡壳灰白色，呈半球形，背面中央呈角状突起，周围还有8个角状小突，连蜡质层长约8毫米，虫体红褐色，末端肛管明显突出；雄虫蜡壳较小，呈放射状，成虫体长1.3毫米，翅1对，半透明。

卵 椭圆形，赤褐色。

若虫 长椭圆形，红褐色。

● 荔枝枝条上的角蜡蚧

🍃 生活习性

一年发生1代，以受精雌虫于寄主枝上越冬。翌春继续为害，5—6月产卵于雌虫体下，6月中旬开始孵化，刚孵化的若虫暂在母体下停留片刻后，从母体下爬出分散在嫩叶、嫩枝上吸取汁液，同时分泌白

荔枝龙眼病虫害原色图说

● 荔枝枝条上的角蜡蚧

色蜡丝，在枝上固定。固定后呈放射状泌蜡，共有13个蜡角，其中头端1个较为粗大，腹末2个较小。若虫经3次蜕皮变为成虫，而雄虫经2次蜕皮为前蛹，进而化蛹，在成虫产卵和若虫孵化阶段，降水量大小，对种群数量影响很大，但干旱对其影响不大。

🍃 防治方法

⇨ 新区应实行检疫，防止苗木带入该虫。

⇨ 剪除虫枝，集中烧毁。

⇨ 药剂防治应抓住在幼蚧爬虫期均匀喷布枝叶，效果好。用药参考堆蜡粉蚧的防治。

龟蜡蚧

龟蜡蚧（*Ceroplastes floridensis* Comstosk），又名日本蜡蚧、枣龟蜡蚧，同翅目蜡蚧科昆虫，为害荔枝、龙眼、柑橘、李、苹果等果树。

为害状

若虫、雌成虫常单头或群集于枝梢或叶片上刺吸汁液，排泄蜜露，诱发煤烟病，影响生长，严重可使枝条枯死，树势衰弱。

形态特征

成虫 雌成虫体被一层厚的白蜡壳，呈椭圆形，长4~6毫米，背

● 龟蜡蚧

● 龙眼叶片上的龟蜡蚧

● 龟蜡蚧在龙眼叶上为害

面隆起似半球形，中央隆起较高，表面具龟甲状凹纹，边缘蜡层厚且弯卷由8块组成；活虫蜡壳背面淡红色，边缘乳白色，体淡褐色至紫红色。雄虫体长1.0~1.4毫米，淡红色、紫红色至深褐色；头及前胸背板色较深，眼黑色；触角丝状，10节；翅1对，半透明，具2条粗脉；足细小；腹末略细。

卵　椭圆形，初期淡橙黄色，孵化前紫红色。

若虫　初孵若虫体长约0.4毫米，短椭圆形，扁平，淡黄褐色，复眼黑色；2龄若虫体背全被白色蜡壳，周缘有13个星芒状蜡角，头部的较长，尾端的较短，后期蜡壳加厚增大。雌雄蜡壳形态分化，雄虫蜡壳长椭圆形，周围有13个蜡角似星芒状，雌虫蜡壳椭圆形，星芒状蜡壳逐渐消失，周围形成8个圆形蜡突。

雄蛹　裸蛹，椭圆形，平均长约1.2毫米，紫褐色，翅芽色较深。

🍃 生活习性

一年发生1代，以受精雌虫在1~2年生枝上越冬。翌春寄主发芽时开始为害，虫体迅速膨大，成熟后产卵于腹下。卵期10~24天。初孵若虫多爬到嫩枝、叶柄、叶面上固着取食，8月初雌雄开始性分化，8月中旬至9月为雄化蛹期，蛹期8~20天，羽化期为8月下旬至10月上旬，雄成虫寿命1~5天，交配后即死亡，雌虫陆续由叶转到枝上固着为害，至秋后越冬。可行孤雌生殖，子代均为雄性。

🍃 防治方法

参照角蜡蚧防治。

砂皮球蚧

砂皮球蚧（*Saissetia oleae* Betn），同翅目蚧总科昆虫，为害荔枝、龙眼、番荔枝等果树。

🍃 为害状

以成虫、若虫在枝、叶及果实上为害，吸取寄主汁液，其分泌物会诱发煤烟病，影响寄主植株正常生长。

🍃 形态特征

成虫 雌成虫体长约3毫米，半球形，黑褐色，背面突起，明显可见突起较高的"H"形图案。

幼蚧 体淡褐色，背面有不规则的黑色横斑点，周边有"裙状"皱褶。

● 砂皮球蚧成虫

● 砂皮球蚧为害龙眼果实状

🍃 生活习性

一年生2代，以2龄若虫在1~2年生枝条上或芽附近越冬，翌年春季寄主萌芽时开始进行雌雄分化。4月中旬至5月初雌蚧虫体膨大成半球形，体皮软，5月初雄蚧羽化，进行交配，可行孤雌生殖。5月中旬雌蚧开始产卵，6月上旬开始孵化，初孵幼蚧喜集中固定在叶背面主脉两侧，或果实上吸食汁液，体表分泌蜡被，发育极慢。9月中旬至10月上旬迁至枝条下方固着越冬。

🍃 防治方法

参照堆蜡粉蚧防治方法。

褐软蚧

褐软蚧（*Coccus hesperidum* Linnaeus），又名龙眼黄介壳虫、芒果褐软蚧，同翅目蜡蚧科昆虫，为害荔枝、龙眼、芒果、柑橘、枇杷、无花果等果树。

为害状

以成虫、若虫在枝、叶及果实上为害，吸取寄主汁液，其分泌物会诱发煤烟病，影响寄主植株正常生长。

● 褐软蚧

● 褐软蚧为害荔枝果实

形态特征

成虫 雌成虫体扁平或背面稍有隆起,卵圆形,长3~4毫米;体两侧不对称,向一边略弯曲,体背面颜色变化很大,通常有浅黄褐色、橄榄绿色、黄色、棕色、红褐色等;体前膜质略硬化,体中央有1条纵脊隆起,绿褐色,在隆起周围深褐色,边缘较浅、较薄,绿褐色,体背面具有两条褐色网状横带,并具有各种图案;触角7~8节。

卵 长椭圆形,扁平,淡黄色。

若虫 初孵若虫体长椭圆形,扁平,淡黄褐色,长1毫米左右。

● 褐软蚧在龙眼果面为害

生活习性

此虫的世代因地而异,一般一年发生2~5代。以受精雌成虫或若虫在茎叶上越冬,第1代若虫在5月中下旬孵化;第2代若虫在7月中下旬发生;第3代若虫在10月上旬出现。若虫多寄生在茎叶基部,以1~2龄若虫越冬。每头雌成虫可产卵70~1 000粒。卵经数小时即可孵化。

防治方法

参照堆蜡粉蚧防治。

蓟马

蓟马，缨翅目蓟马科昆虫，包括茶黄蓟马、红带网纹蓟马（荔枝网纹蓟马）、黄胸蓟马等，分布于广东、广西、浙江、湖北、云南、贵州等省区，为害荔枝、龙眼、柑橘、枇杷、草莓等果树。

为害状

● 茶黄蓟马若虫

成虫、若虫在嫩叶背面锉吸汁液，被害叶片叶缘卷曲不能展开，有的则呈波纹状，有的向后弯曲，叶脉淡黄绿色，叶肉出现灰黄色锉伤点或线状锉纹。最后叶片变黄，僵硬，易脱落。为害顶芽，可使顶芽萎缩。

● 蓟马为害的龙眼嫩叶

形态特征

成虫 雌成虫体小，长约1毫米，橙黄色；触角约为头长的3倍，暗黄色，8节，第3~5节的基部常淡于体色；翅2对，透明细长，翅缘密生长毛；头部复眼略突出，暗红色；有3只鲜红色单眼，呈三角形排列；前翅橙黄色，近基部具一小浅黄色区。腹部背片第2~8节具暗前脊，但第3~7节仅两侧存在，前中部约1/3暗褐色。腹片第4~7

前缘具深色横线。

卵 浅黄白色，肾脏形。

若虫 初孵时乳白色，后变浅黄色，形似成虫，但体小于成虫，无翅。

● 茶黄蓟马成虫

生活习性

一年四季均有发生，各地发生代数不一，茶黄蓟马一年发生5~6代，红带网纹蓟马一年发生10~11代，世代重叠。可行孤雌生殖，偶有两性生殖，极难见到雄虫。以幼虫或成虫在粗皮下或芽的鳞苞内越冬。茶黄蓟马于5月的第1次夏梢开始至9月秋梢均为受害期，6—7月是严重为害期。红带网纹蓟马4月至7月上旬和9月至12月中旬为发生盛期。卵散产于叶肉组织内，卵期在5—6月为6~7天。若虫在叶背取食到高龄末期停止取食，落入表土化蛹。蓟马喜欢温暖、干旱的天气，其适温为23~28℃，适宜空气湿度为40%~70%；湿度过大，不能存活，当湿度达到100%、温度达31℃时，若虫全部死亡。

防治方法

➡ 加强栽培管理，新梢抽放做到整齐，同时要控制冬梢抽生，以减少越冬虫源。

➡ 田间保留或种植藿香蓟等杂草，促进天敌的繁衍。

➡ 发生严重的果园，掌握于低龄若虫盛发期用药挑治，可选用2.5%多杀霉素1 000~2 000倍液、10%吡虫啉可湿性粉剂2 000~3 000倍液、3%啶虫脒（乐百农）乳油1 500~2 000倍液、25%噻虫嗪水分散粒剂2 000~2 500倍液或1.8%阿维菌素微乳剂2 500~3 000倍液等。

蚜虫

为害荔枝、龙眼的蚜虫主要有棉蚜（*Aphis gossypii* Glover）、广州毛管蚜（*Greenidea guangzhouensis* Zhang），同翅目蚜科昆虫，分布于广东、广西、浙江、福建等省区。

🍃 为害状

成虫、若虫早期主要为害嫩梢、嫩叶和花穗，后期也常见吸取近成熟新叶的汁液。种群少时为害症状不明显，种群大时为害枝梢叶片，致生长缓慢，叶片黄化，但不卷叶。还会为害花穗，影响正常开花，甚至落蕾落花。排出的蜜露还会诱发煤烟病。

🍃 生活习性

棉蚜每年发生20~30代，以卵在寄主植物的枝条越冬。翌年3月越冬卵开始孵化繁殖，为害荔枝、龙眼嫩梢及花穗，春季干旱对其发生有利。在早春和晚秋，20天左右可完成一个世代，夏季4~5天完成一个世代。

● 荔枝嫩枝上的蚜虫

主要虫害及其防治

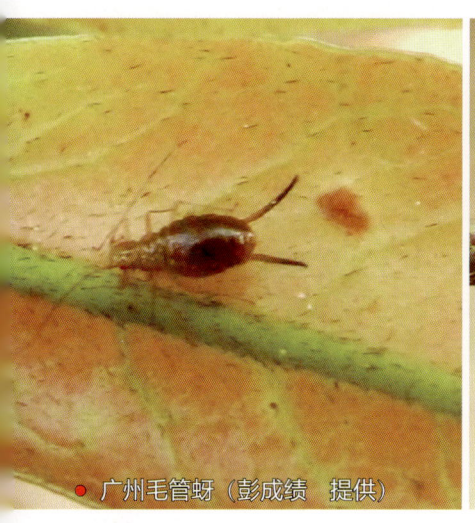
● 广州毛管蚜(彭成绩 提供)

● 龙眼嫩枝上的蚜虫

🍃 形态特征

无翅孤雌蚜 体长2.3毫米,中额微隆,额瘤稍显外倾;触角有瓦纹,长2.0毫米;腹管角管状,长0.85毫米,有长短硬刚毛46~67根,形态特征与台湾毛管蚜(*Greenidea formosana* Maki)相似。

卵 圆形,褐色。

防治方法

➡ 冬春修剪时,剪去在秋梢及冬梢上越冬的虫群。每次新梢抽出时,幼年树可先抹除零星新梢,切断其食物链,减少当年发生量。

➡ 利用和保护天敌。蚜虫的自然天敌很多,有各种瓢虫、食蚜蝇、食蚜虻等。

➡ 新梢有蚜率在20%以上且被害25%以上时,对中心虫株进行喷药防治。药剂可选用50%辛硫磷乳油1 000~1 200倍液、10%吡虫啉可湿性粉剂2 000~3 000倍液、3%啶虫脒微乳剂1 500~2 000倍液或10%烯啶虫胺可溶性液剂2 000~3 000倍液等。

金龟子

金龟子，鞘翅目金龟甲总科昆虫，为害果树、林木种类多和农作物种类广，其中为害荔枝、龙眼的有红脚丽金龟、铜绿金龟、斑喙丽金龟、中华彩丽金龟、花潜金龟、小青花金龟、白星花金龟、大棕金龟、褐金龟、绿脊异丽金龟、独角犀等。

为害状

成虫为害荔枝、龙眼新梢嫩叶、花、果，幼虫（蛴螬）为害根。红脚丽金龟、铜绿金龟、斑喙金龟、褐金龟、大棕金龟等为害嫩叶，造成缺刻或孔洞，严重的仅剩梢梗。中华彩丽金龟主要为害花穗。花

● 红脚丽金龟

162

潜金龟为害花，造成落花。小青花金龟、白星花金龟为害果实，使果脱落。

🍃 形态特征

● 红脚丽金龟（*Anomala cupripes* Hope）

（1）成虫。体长 18~26 毫米，头、胸背面和鞘翅均为草绿色或墨绿色，闪金属光泽，触角紫红色；头比铜绿金龟子长，前胸背板刻点细密，后缘弯月形，小盾片边缘黄褐色，鞘翅布纵列刻点，疏密、深浅不一；腹面及足紫红色或枣红色，有光泽；腹末有疏的白色短绒毛。

● 红脚丽金龟

（2）卵。乳白色，短椭圆形。

（3）幼虫。老熟幼虫土黄色，头部褐色，体背密被褐色刚毛，气门褐色；胸足 3 对。

（4）蛹。裸蛹，长椭圆形，土黄色。

● 铜绿金龟（*Anomala corpulenta* Motschulsky）

（1）成虫。体长 19~21 毫米，体铜绿色，有金属光泽；触角黄褐色，鳃叶状；前胸背板及鞘翅铜绿色，前胸背板有浅的细密刻点；鞘

● 铜绿金龟

● 铜绿金龟（腹面）

翅具3条不甚明显的纵脊；前足胫节具2外齿，前、中足大爪分叉。

（2）卵。椭圆形，乳白色。

（3）幼虫。体长约40毫米，头部黄褐色，体乳白色，腹部末节背面有排成2纵列的刺状毛。

（4）蛹。长椭圆形，初蛹白色，后转土黄色，体长22~25毫米，裸蛹。

● 中华彩丽金龟（*Mimela chinensis* Kirby）

● 中华彩丽金龟

● 中华彩丽金龟为害龙眼花

成虫体长15~17毫米，体背金绿色，鞘翅缘金黄色，光泽亮丽，足颜色与背色相似。

● 斑喙丽金龟（*Adoretus tenuimaculatus* Waterhouse）

（1）成虫。体长9.4~10.5毫米，体褐色或棕褐色，腹部色泽常较深。体被乳白色短绒毛，光泽暗淡。体狭长，椭圆形。头大，唇基近半圆形，前缘高高折翘，头顶隆拱，复眼圆大，上唇下缘中部呈"T"形，延长似喙，喙部有中纵脊。触角10节，鳃片部3节。前胸背板甚短阔，前后缘近平行，侧缘弧形扩出，前侧角锐角形，后侧角钝角形。小盾片三角形。鞘翅有3条纵肋纹可辨，在纵肋纹Ⅰ、Ⅱ上常有3~4处鳞片密聚而呈白斑，端凸上鳞片常紧挨而成明显白斑，其外侧尚有一较小白斑。臀板短阔，呈三角形，端缘边框扩大成1个三角形裸片（雄）。前胸腹板垂突尖而突出，侧面有一凹槽。后足胫节外缘有一小齿突。

（2）卵。椭圆形，长 1.7~1.9 毫米，乳白色。

（3）幼虫。体长 19~21 毫米，乳白色，头部黄褐色，肛腹片有散生的刺毛 21~35 根。

（4）蛹。长 10 毫米左右，前端钝圆，后渐尖削，初乳白色，后变黄色。

斑喙丽金龟

斑喙丽金龟及其为害状

生活习性

一年发生 1 代，幼虫终生生活在土壤中，低龄幼虫取食腐殖质，高龄幼虫取食腐殖质或植物根及近地表的茎。幼虫活动随土中温度变化而变化，日晒使土温升高时，幼虫向下移动，早晨向上移动。冬季高龄幼虫下移深土层越冬，春季回暖，土温升高，幼虫上移化蛹，于 3 月中旬开始羽化，雨后土壤有一定含水量有利于成虫羽化出土。成虫昼伏夜出，有假死性，受惊时假死坠地不动，过一会翻身飞走。部分种类有趋光性。

防治方法

➡ 成虫盛发期，在闷热无风的傍晚，摇动树枝，使其坠地而捕杀之。

➡ 清理果园及周边杂草肥堆和垃圾堆，捡拾其中的幼虫（蛴螬）。严重发生果园，每亩用 1 千克 5% 辛硫磷颗粒剂撒施树冠地面，翻入土中，以杀死幼虫。

➡ 成虫发生期用 40 瓦黑光灯或频振式诱捕灯进行诱杀。

➡ 嫩梢期或花蕾期遇成虫盛发期，于傍晚用 90% 敌百虫晶体 800 倍液、40% 辛硫磷乳油 500~600 倍液或 10% 氯氰菊酯（灭百可）乳油 1 000~1 500 倍液，喷洒树冠进行毒杀（花期禁止使用）。

小绿象甲

小绿象甲（*Platymycteropsis mandarinus* Fairmaire），又名柑橘斜脊象甲，鞘翅目象甲科昆虫，是南方常见的杂食性害虫，为害荔枝、龙眼、柑橘、桃等果树。

为害状

成虫咬食新梢叶片，造成叶片残缺不全，甚至咬断新梢、果柄，造成落花落果。

形态特征

成虫 体长5~9毫米，宽1.8~3.1毫米；长椭圆形，密被淡绿色或黄绿色鳞片；头喙刻点小，喙短，中间和两侧具细隆线，端部较宽；触角红褐色，柄节细长而弯，超过前胸前缘，鞭节头2节细长，棒节颇尖；前胸梯形，略窄于鞘翅基部，中叶三角形，端部较钝，小盾片很小，鞘翅卵形，肩倾斜，每鞘翅上各有由10条刻点组成的纵沟纹；足腿节淡绿色、粗，胫节及跗节淡绿色和红褐色

● 小绿象甲为害状

● 小绿象甲成虫

混杂。

🌿 生活习性

在南方地区一年发生2代,以幼虫在土壤中越冬。4月下旬至7月可见成虫活动,5—6月发生量较大。有群集性,常数十头甚至数百头在一株寄主上取食为害。成虫有假死习性,且感觉极灵敏,人稍靠近即转移停息位置,以叶片遮挡、躲避,若有振动立即掉落地面假死。

🌿 防治方法

➡ 冬季深翻松土,杀死越冬幼虫。

➡ 振动树枝,捕杀掉落在地面的成虫。

➡ 幼龄树树干扎松针等防止成虫爬上枝叶为害。

➡ 树冠大且虫口密度较多的果园,可用50%辛硫磷乳油800~1 000倍液连续多次喷布树冠,地面则可喷洒50%辛硫磷乳油200倍液。

芒果切叶象甲

芒果切叶象甲（*Deporaus marginatus* Pascoe），又名剪叶象甲、切叶虎，鞘翅目象甲科昆虫，分布于广东、海南、广西、云南、福建等省区，为害芒果、龙眼、荔枝等果树。

🍃 为害状

成虫群集咬食新梢嫩叶的叶肉，呈网状干枯，仅留叶的下表皮。雌成虫产卵于叶片，孵化后的幼虫在叶片基部将叶横向剪断，影响叶片正常生长。

🍃 形态特征

成虫 雌成虫体长 4~5 毫米，红黄色，体布有刻点，每边纵列成

● 芒果切叶象甲成虫（彭成绩 提供）

主要虫害及其防治

10 行,刻点间着生白色绒毛;头胸橘黄色,喙基部黄色,其余黑色;鞘翅黄褐色,鞘翅缝和周缘黑色;足腿节基部黄色,胫节和跗节黑色;触角着生在喙基 1/4 处,腹部膨大,腹端露出鞘翅之外。雄成虫触角着生在喙的中部,腹部端不露出鞘翅。

● 芒果切叶象甲预蛹(彭成绩 提供)

卵 长椭圆形,初为白色,后变淡黄色。

幼虫 体长 5~6 毫米,乳白色,无足,腹部各节两侧各有 1 对小肉刺。

蛹 裸蛹,老熟时黄褐色。

🌿 生活习性

一年发生 4~9 代,世代重叠,一般 4—5 月和 8—9 月为害最重。老熟幼虫在土中滞育越冬,次年 3 月越冬代成虫羽化,为害零星嫩梢。5 月起世代重叠,旬重叠达 3 代,月重叠达 4 代之多。一年有两个数量高峰,以 6 月第 2 代为害最严重。

🌿 防治方法

➡ 新开园不要与芒果混种,如混种的,可结合中耕除草,清灭部分幼虫和蛹,发现果园地面掉下很多切叶,要及时清除。

➡ 在成虫羽化期,发现为害,要及时喷药,可选用防治小绿象甲的农药进行防治。

白蛾蜡蝉

白蛾蜡蝉（*Lawana imitata* Melichaar），同翅目蜡蝉科昆虫，又名青翅羽衣，俗名白鸡，为害柑橘、荔枝、龙眼、芒果、梅、李、桃、梨、胡椒、茶、木麻黄、银桦等几十种果树和林木。

为害状

成虫、若虫群集在较荫蔽的枝干、嫩梢、花穗及果梗上刺吸汁液，并产生大量白色棉絮状物覆盖枝条，同时排出蜜露，易诱发煤烟病，影响植株正常生长，使果品变劣，受害严重造成落果。

● 白蛾蜡蝉低龄若虫为害荔枝幼果

● 白蛾蜡蝉若虫为害龙眼引致的煤烟病

● 白蛾蜡蝉初孵若虫

主要虫害及其防治

- 白蛾蜡蝉成虫

- 白蛾蜡蝉（白翅和青翅两型）在龙眼枝条上

- 白蛾蜡蝉成虫（青翅型）

● 白蛾蜡蝉产卵窝 　　● 白蛾蜡蝉若虫

● 白蛾蜡蝉低龄若虫 　　● 白蛾蜡蝉老龄若虫

形态特征

成虫　雌成虫体长19.8~21.3毫米，雄成虫体长16.5~20.1毫米；羽化初期体黄白色，被白色蜡粉，后渐转为黄白色、粉青色或黄绿色；前胸背板较小，前缘向前突出，后缘向前凹陷，中胸背板发达，上有3条隆起的纵脊；前翅略呈三角形，外缘平直，前缘角几呈直角，后缘角呈锐角突出，近翅基的中部有一白色大斑和几个纵向排列的小斑；后翅薄，半透明，白色或黄白色；后足发达，善跳。

卵　淡黄色，长椭圆形，长约1.5毫米。

若虫　体长约8毫米，扁平，白色，被白色絮状蜡粉，胸宽，翅芽大，后足发达，善跳。

🍃 生活习性

在华南地区一年发生2代，主要以成虫在寄主茂密的枝叶间越冬，翌年春天气温回暖开始活动、交尾、产卵。卵产在嫩梢或叶柄的皮层下，每个卵窝独立，10个左右，排列1行或2行，形似锯齿。初孵若虫群集于枝条或叶片背面为害，随着虫龄增长，向较大枝条转移群集为害，分泌大量白色棉絮状物覆盖虫体和被害枝条，并在此处羽化成虫。成虫翅膀色有两型，以白色较多、青色较少，偶见淡黄绿色。若虫、成虫一旦受惊，若虫弹跳逃离，成虫则弹跳飞逃落在附近枝叶条上。通风透光差的果园或植株，较易发生。第1代孵化盛期在3月下旬至4月中旬，若虫盛发期在4月下旬至5月初，成虫盛发期为5—6月。第2代孵化盛期于7—8月，若虫盛发期为7月下旬至8月上旬，9—10月陆续出现成虫，9月中、下旬为第2代成虫羽化盛期，11月所有若虫几乎发育为成虫，然后随着气温下降，成虫转移到寄主茂密枝叶间越冬。翌年2—3月天气转暖后，越冬成虫恢复活动，取食、交尾、产卵。

🍃 防治方法

➡ 剪除过密枝、枯枝，以利于通风，防止产卵，减少虫源。

➡ 用小竹扫把若虫扫落捕杀或用捕虫网捕杀。

➡ 严重发生果园，于若虫盛发期，喷洒90%敌百虫晶体800~1 000倍液、52.25%农地乐乳油1 500~2 000倍液、2.5%溴氰菊酯（敌杀死）乳油2 500~3 000倍液或20%甲氰菊酯（灭扫利）乳油2 500倍液防治。也可结合防治荔枝椿象、蒂蛀虫进行。喷药时要均匀喷洒到枝梢及树冠内膛枝，或直接喷在若虫群集处。

青蛾蜡蝉

青蛾蜡蝉（*Salurnis marginellus* Guerin），同翅目蜡蝉科昆虫，又名褐边蛾蜡蝉，为害荔枝、龙眼、柑橘、芒果等多种果树。

🍃 为害状

成虫、若虫在枝条、嫩梢或果柄上吸取汁液，造成树势衰弱，可致枝条干枯，其排泄物可诱发煤烟病。

🍃 形态特征

成虫 体长约7毫米，前翅黄绿色，头、胸部鲜黄绿色，胸部背面有3条纵脊，体淡黄绿色；前翅黄绿色，边缘褐色，近后缘端部有

● 青蛾蜡蝉若虫在龙眼嫩枝上为害

主要虫害及其防治

● 青蛾蜡蝉
● 青蛾蜡蝉若虫在龙眼嫩枝上为害
● 青蛾蜡蝉低龄若虫

一红褐色斑,中央灰褐色,网状脉纹明显,前、中足褐色,后足绿色。

若虫 淡绿色,腹部第6节有1对橙色圆环,末端有两大束白色蜡丝。

🍃 生活习性

在华南地区,若虫于5月上旬大量发生为害,6月上旬成虫出现,在枝梢上吸取汁液。成虫多单个分散在枝条上停息和取食。

🍃 防治方法

参照白蛾蜡蝉防治。

龙眼鸡

龙眼鸡（*Fulgora candelaria* Linnaeus），同翅目蜡蝉科昆虫，为害荔枝、龙眼、橄榄、芒果等果树，以龙眼受害最重。

🍃 为害状

若虫和成虫刺吸树干或枝梢的汁液，严重发生时，可使枝条衰弱、干枯，还会导致落果，其排泄物可诱发煤烟病。

🍃 形态特征

成虫 体长37~42毫米，橙黄色；头额伸长向上弯如长鼻；额突背面红褐色，腹面黄白色，散生白色小点；胸部红褐色，有零星白点；腹面黑褐色；前翅绿色，基部有带状黄纹数条，外半部有横向排列的圆形白色斑或黄色斑；后翅橙黄色。

卵 倒桶形，近白色，将孵化时灰黑色，卵块上被有白色蜡粉。

若虫 初孵若虫酒瓶状，黑色，腹部两侧淡灰色。

● 龙眼鸡为害状

主要虫害及其防治

🌿 生活习性

一年发生1代,以成虫静伏在枝条分杈处下侧越冬,次年3月上、中旬恢复活动,4月后飞翔活跃,5月为交尾盛期,交尾后7~14天开始产卵。卵多产在2米左右高的树干平坦处和径粗5~15毫米的枝条上。每雌虫一般产一卵块,每块有卵60~100粒,数行纵列成长方形,并被白色蜡粉。卵期19~30天,平均25天左右。6月陆续孵出若虫。初孵若虫静伏在卵块上1天后才开始分散活动。9月出现新成虫。若虫善弹跳,成虫善跳能飞,一旦受惊扰,若虫便弹跳逃逸,成虫迅速弹跳飞逃。

🌿 防治方法

➡ 在越冬成虫产卵前进行人工捕捉。在产卵期,结合修剪或疏枝,剪除或刮除卵块。若虫期扫落虫灭之。

➡ 保护天敌。

➡ 在若虫低龄期喷药防治,可参照白蛾蜡蝉防治。

龟背天牛

龟背天牛（*Aristobia testudo* Voet），鞘翅目天牛科昆虫，分布于我国华南地区，主要为害荔枝、龙眼、番荔枝等果树。

为害状

幼虫蛀食主干和枝条。孵化出的幼虫在皮层下蛀食，后蛀入木质部，形成扁圆形的坑道，每隔一定距离咬一小孔与外界通气并排出虫粪。植株受害后，水分、养分的输送受影响，枝干被钻空，使大枝枯萎，导致树势衰弱，甚至全株枯死。成虫咬食当年生枝梢皮层，致使枝梢干枯。

● 龟背天牛幼虫为害荔枝，致使枝条枯死

主要虫害及其防治

🍃 形态特征

成虫 体长20~35毫米，长形，鞘翅上满布橙黄色斑块，每一鞘翅上有十多个黑色条纹将黄色斑围成龟壳状斑块；雌成虫触角与鞘翅等长，雄成虫触角超过鞘翅端2~3节；头部、触角第1~2节及体躯腹部、足均为黑色；触角第3节起黄黑相间，黑色为绒毛。

卵 长椭圆形，初期乳白色，近孵化时黄褐色。

幼虫 老熟幼虫体长约60毫米，扁圆筒形，白色带浅赤色，前胸背板黄褐色，并有黄褐色"山"字形纹；胸足退化；无腹足，代以各体节腹面和背面突起的移动器（幼虫在坑道内的行动器官）。

蛹 裸蛹，初期乳白色，羽化前为黑色。

🍃 生活习性

在广东、广西一年发生1代，以幼虫在寄主枝干蛀道内越冬，6月上旬可见成虫，7—8月成虫常在园内取食、交尾、产卵。成虫在8:00~11:00活动

● 龟背天牛成虫

● 龟背天牛幼虫排粪孔

● 龟背天牛幼虫蛹

龟背天牛幼虫在蛀道内

较多,常咬食当年生枝梢皮层和嫩叶,初孵幼虫先在树皮下蛀食,后逐渐蛀入枝干的木质部,形成扁圆形纵向蛀道。幼虫从上向下蛀害。老熟幼虫在蛀道的宽敞处用分泌物和粪便堵住两头作蛹室化蛹。

🍃 **防治方法**

➡ 6—7月成虫发生期,常检查果园并摇动树枝,待成虫假死坠地时收集灭之。

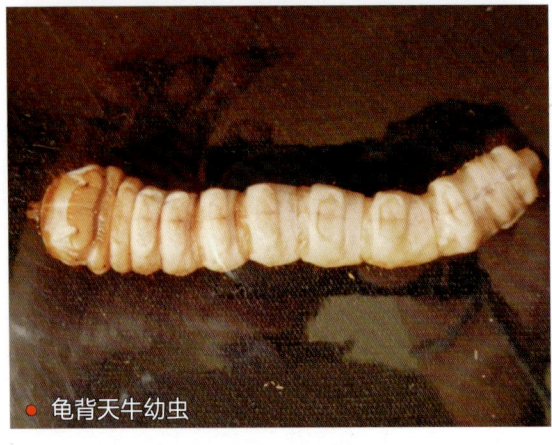

龟背天牛幼虫

➡ 剪除被害后的枯枝,连同幼虫集中烧毁。或发现树皮出现半月形的产卵伤痕,用锤敲击受害部,杀死树皮下的卵或幼虫。

➡ 幼虫蛀入木质部形成蛀道后,及时灌注农药,杀死幼虫。在幼虫咬的最新排粪孔口上部1~2个孔口灌入90%敌百虫晶体50~100倍液或50%辛硫磷乳油500倍液,然后堵住孔口防止幼虫上爬,以毒死蛀道内幼虫,或用棉球蘸敌敌畏乳油从排粪孔塞入蛀道内,然后用黏土封堵孔口,毒死幼虫。

星天牛

星天牛（*Anoplophora chinensis* Fürster），鞘翅目天牛科昆虫，分布于我国各省区，主要为害柑橘、荔枝、龙眼等多种果树及苦楝等树木。

🍃 为害状

幼虫在近地面处蛀食树干和大根，使主干基部皮层遭受破坏，木质部被蛀食造成孔洞，影响水分、养分的输送，致使树势衰弱，严重时树皮开裂，全株枯死。

🍃 形态特征

成虫 体长22~39毫米，漆黑色，有金属光泽；头部和腹面被银灰色和灰蓝色细毛，前胸背板光滑，中瘤明显；触角细长、卷曲，超过体长，雄虫尤甚，数倍于体；鞘翅漆黑色，基部密布大小不一的颗粒，表面散布许多白色斑点，排成不规则5横列。

● 星天牛成虫

卵 长圆筒形，长约6毫米，初期乳白色，孵化前转暗褐色。

幼虫 淡黄色，老熟时45~67毫米，胸腹足退化，中胸腹面、后胸及腹部第1~7节背、腹两侧均有移动器。

蛹 裸蛹，乳白色，老熟时黑褐色。

生活习性

一年发生1代,以幼虫在被害寄主木质部内越冬,越冬幼虫于次年3月后恢复活动并在蛀道内化蛹。成虫羽化后在蛹室停留4~8天,待身体变坚硬后才从圆形羽化孔爬出。成虫停息在树冠枝条上啃食寄主枝梢皮层或咬食叶片作补充营养,尤其喜在苦楝树上停息和取食,在晴而无风的8:00~17:00活动、交尾、产卵,中午多停息枝端,21:00后及阴雨天亦多静止。卵多产于树干离地面5厘米范围内。产卵时,先将皮层咬成"L"形或"⊥"形伤口,然后将产卵器插入,把卵产在皮下,每处产卵1粒。也曾发现成虫在龙眼树离地面1.5米处枝杈产卵。幼虫孵化后,先在产卵处皮下蛀食,并有白色泡沫物溢出,随后蛀入木质部。幼虫于11—12月越冬。

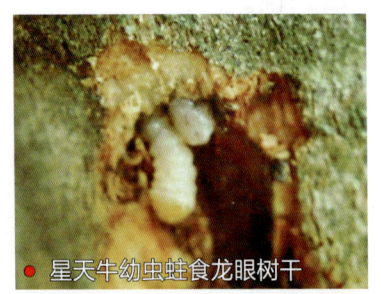
● 星天牛幼虫蛀食龙眼树干

● 星天牛幼虫

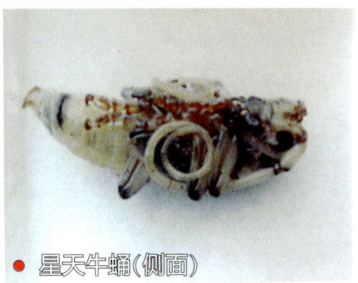
● 星天牛蛹(侧面)

防治方法

➡ 4—7月白天中午捕杀成虫。

➡ 5—6月每隔一周检查一次,发现主干根颈附近有裂痕和胶状物,刮除虫卵和初孵化的幼虫。

➡ 发现树头附近有木屑状虫粪用铁丝钩杀或药杀幼虫,或找到孔口注入90%敌百虫晶体50~100倍液,或用棉球蘸80%敌百虫乳油50~100倍液塞入蛀孔,并用黏土堵封口,熏杀幼虫。

蔗根天牛

蔗根天牛（*Dorysthenes granulosus* Thomson），鞘翅目天牛科昆虫，为害荔枝、龙眼等果树，以及甘蔗、椰子等作物的幼苗。

为害状

幼虫在表土下咬食果苗的主干树皮，蛀食木质部，导致苗木枯死。

形态特征

成虫 体长24~63毫米，棕红色，头部和触角基部棕黑色，雄虫

● 蔗根天牛成虫

触角稍长于体，雌虫触角仅达鞘翅的一半，第 3~7 节外端角突出，前胸背板两侧各具 3 枚刺突，中刺突最长；鞘翅表面具纵隆起线。

卵 乳黄色，具纵纹。

幼虫 老熟幼虫体长 70~90 毫米，乳白色，第 1~4 腹节具侧盘，第 9 腹节最长，肛门 3 裂片。

蛹 乳白色，翅芽达第 3 腹节中部。

生活习性

在南方两年发生 1 代，以幼虫越冬。3—5 月化蛹，蛹期 15~31 天。4—6 月出现成虫，出土后于当晚或次晚交尾，交尾后于次晚产卵。卵散产于 1~2 厘米深土中，每雌平均产卵 250 余粒，卵期 11~18 天。初孵幼虫咬食嫩根，长大后蛀食根茎及苗木基部，在 20~30 厘米深处土中活动。老熟幼虫在土中化蛹。

防治方法

➡ 利用蔗地作果园或作苗圃，要多次犁耙，杀死部分幼虫或蛹。

➡ 4—6 月捕捉成虫。

➡ 蔗根天牛较多的新垦果园，种植前每株用 10% 克线丹（硫线磷）颗粒剂与基肥混拌后施入穴中，然后再种植果苗。

茶材小蠹

茶材小蠹（*Xyleborus fornicatus* Eichhoff），鞘翅目小蠹科昆虫，主要为害荔枝、龙眼、茶、樟、柳、蓖麻、橡胶树、可可等多种果树及林木。

为害状

成虫、若虫在长势衰弱的枝干上钻蛀为害，被害的枝干形成环状坑道，阻碍水分、养分的输送，影响正常生长，严重者枝条枯死。如遇强台风，枝干易在蛀道处折断。受害植株，果实小而畸形，果肉薄，味淡。

● 茶材小蠹为害状

● 茶材小蠹蛀食的荔枝枝条（剖面）

形态特征

成虫 雌成虫体长 2.4 毫米,黑褐色,圆柱形;头部延伸呈短喙状;触角膝状;前胸背板前端较圆,后缘方形,前缘圆钝,呈盾形;鞘翅舌状,翅面有刻点和绒毛,排成纵列;雄成虫体长 1.3 毫米;黄褐色,鞘翅表面稍粗糙,刻点和绒毛排列不清晰。

卵 长椭圆形,初产时乳白色,将孵化时淡黄色。

幼虫 末龄幼虫体长约 2.4 毫米,乳白色,肥大,有皱纹,具微细刚毛,头部黄褐色,胸、腹足退化。

蛹 初期乳白色,后变黄褐色。

● 茶材小蠹成虫和幼虫

生活习性

在广东一年发生 6 代,世代重叠,主要以成虫在枝条蛀道内越冬,也有部分以蛹、幼虫越冬。翌年 2 月中下旬气温回升到 20~22℃时,越

主要虫害及其防治

● 茶材小蠹幼虫　　● 茶材小蠹成虫
● 茶材小蠹成虫（赤褐色）　　● 茶材小蠹成虫（黑色）

冬成虫大量外出活动，并多在1~2年生枝条的叶痕和枝杈处为害，形成新的蛀道。4月上旬产卵在坑道内。幼虫生活在坑道，一般喜欢钻蛀直径1.5~2.5厘米的枝条。坑道内常有多条幼虫。受害外部可见圆形、直径约2毫米的孔，孔口常有木屑堆积。幼虫老熟后在原坑道化蛹。

🍃 **防治方法**

➡ 加强肥水管理，增强树势，可减轻为害。

➡ 采果后至冬季，剪除虫枝，集中烧毁，并喷一次80%敌敌畏乳油1 000倍液杀死散落在外的成虫。

➡ 2月中下旬至4月上中旬，成虫羽化时喷药防治。可选用80%敌敌畏乳油1 000倍液、4.5%高效氯氰菊酯（百虫灭）乳油1 000~1 500倍液等。

白蚁

白蚁,等翅目白蚁科昆虫,在我国华南、华中、西南等地发生多,是果树、甘蔗、林木的重要地下害虫,为害荔枝、龙眼的主要有黑翅土白蚁(*Odontotermes formosanus* Shiraki)和家白蚁。

为害状

白蚁啃食荔枝、龙眼老树以及幼树和苗木的根、茎部,或在树干、树枝上修筑泥被,在其中咬食树皮,也可从伤口处侵入木质部为害,导致树势衰退。幼树严重受害时,全株枯死。

● 黑翅土白蚁为害后的龙眼树枝干

● 白蚁为害龙眼树干

● 黑翅土白蚁为害的龙眼树枝干

🍃 形态特征

工蚁 体长约6毫米，头至上颚端2.55毫米，宽1.33毫米，前胸背板长0.43毫米；头暗黄色，被稀毛；胸腹部淡黄色至灰白色，有较密集的毛；头部背面卵形；触角15~17节；前胸背板前部窄，斜翘起，后部较宽，前缘及后缘中央有凹刻。有翅成蚁体长12~14毫米，翅长24~25毫米，头、胸、腹背面黑褐色，腹面棕黄色，全身密被细毛；复眼黑褐色；前胸背板前缘中央无明显的缺刻，后缘中部向前凹入。

卵 乳白色，椭圆形。

🍃 生活习性

多在地下筑巢，营群居生活，冬季在主巢越冬，翌年3月下旬开始活动为害,工蚁咬食树皮并构筑泥被覆盖其上。4—6月是为害高峰,9—10月为第2次为害高峰。天气闷热或雷雨前后的傍晚,有翅成蚁出巢短期群飞天空,然后落地配对,脱翅钻入土中筑新巢,成为新蚁群的蚁后和蚁王。新建的主巢在地下60~90厘米处。周围的菌圃是蚁的食料,主巢和菌圃之间都有蚁路相通。有翅成蚁有趋光性。

● 黑翅土白蚁(右:腹面)

● 黑翅土白蚁为害后的龙眼树枝干

防治方法

➡ 新植果园,在植穴内混合适量石灰、草木灰、火烧土,可减少为害。

➡ 4—6月,利用灯光诱杀。

➡ 利用白蚁互相舐吮以及工蚁喂饲蚁王、蚁后的习性,找到白蚁路,揭开一个洞,用蚁灵、砷剂灭蚁粉或用亚砷酸8.5份、水杨酸1份、红铁氧0.5份,混配成药粉,喷在白蚁身上或土坑中的诱饵上,让其食后互相舐食或喂饲蚁王、蚁后,致使整群死亡。

果蝠

果蝠 [*Rousettus leschenaulti* (Desmarest)]，俗称飞鼠、飞狐，翼手目狐蝠科动物，为害荔枝、龙眼、香蕉、枇杷、木瓜等多种果树。

🍃 为害状

成蝠和幼蝠咬食近成熟至成熟的果实，使果实不能形成产品，造成减产减收。

🍃 形态特征

普通蝙蝠体型中小，鼻吻部较正常，鼻孔后两侧各有一垄起的圆形皮肤丘，上唇较向前中央突出，而使上唇中央稍长。耳较短，缘较圆，两耳在前额处相距很近，只有1.5毫米，耳屏较短，其基部宽而端部较窄，端部圆钝。尾较长，在股间膜后端突出2.5毫米；翼膜较窄，翼膜由趾基起；距细长，有较窄的距缘膜；翼膜近体侧处和股间膜两大腿处具较长的毛。第2指具一短的指骨，第3指具3指骨，最外指节为软骨；第3~5指掌骨渐短。

● 果蝠咬食荔枝果实

荔枝龙眼病虫害原色图说

● 果蝠咬食荔枝果实（用网捕捉）

🍃 生活习性

果蝠是寿命较长的哺乳动物。冬天气温低，常在山洞或岩窟中冬眠，翌年3月中旬至4月中旬交尾，7—8月产仔。果蝠白天在隐蔽处栖息，傍晚至次晨4：00—5：00飞出觅食，其中最主要觅食时间为晚上8：00—10：00和次晨3：00—4：00。喜食荔枝、龙眼成熟果实，一头雌蝠1小时可食下自身重量2~3倍的果实。地处山区的果园或果实成熟期不一致的，在雨后或闷热无月光无风天气受害严重。

🍃 防治方法

➡ 果蝠发生严重的果园，冬天可在周围山洞人工捕捉越冬果蝠。

➡ 果实近成熟期，在果蝠入园方向，拉挂尼龙丝网捕捉。

➡ 果穗套袋。近成熟的荔枝、龙眼果穗，可用塑胶网纱缝制成束口袋套穗。

胡蜂

胡蜂（*Ammophila xanthopter* Cameron），膜翅目胡蜂科昆虫，为害荔枝、龙眼、枇杷、梨、桃等果树，常见为害荔枝、龙眼的有黑蜂和黄蜂等。

🍃 为害状

成虫咬破成熟果实果皮，取食果肉，被害果实的伤口易感染细菌和真菌，引致伤口腐烂，使之失去食用价值。

🍃 形态特征

成虫 体多呈黑、黄、棕三色相间，或为单一色，具大小不同的刻点或光滑。绒毛一般较短。足较长。翅发达，飞翔迅速，静止时前

● 黑蜂在咬食荔枝果肉

● 黑蜂在咬食龙眼果实

● 黄蜂咬食龙眼果实

● 黄蜂咬食龙眼果实

翅纵折，覆盖身体背面。口器发达，上颚较粗壮。雄蜂腹部6节，无螫针。雌蜂腹部6节，末端有由产卵器形成的螫针，上连毒囊，分泌毒液，毒力较强。

蛹 为离蛹，黄白色，颜色随龄期而加深。头、胸、腹分明，主要器官均明显可见。很多胡蜂以蛹越冬。

幼虫 梭形，白色，无足。体分13节。

🍃 生活习性

一年发生1~2代，以蛹在蜂巢、树冠浓密处、瓦隙或杂物缝中越冬，5月中旬可见成虫，6—8月咬食成熟的荔枝、龙眼果实。为害时先咬破果皮，继而咬成一圆形孔洞，啃食果肉，留存果核。充分成熟的果实或裂果多的果园受害严重。

🍃 防治方法

➡ 适时采收。

➡ 做好防裂措施，减少裂果，断绝胡蜂食物诱源。

➡ 果穗套袋可防蜂害。

➡ 在荔枝、龙眼开始转色后结合防治蒂蛀虫防治胡蜂。可选用10%氯氰菊酯（灭百可）乳油2 000倍液喷杀。收获前10~15天停止用药。

附录1 荔枝主要病虫害防治要点

防治对象	农药名称	使用方法	其他防治
霜疫霉病	70%甲基硫菌灵可湿性粉剂	1 000倍液喷雾	• 采后及时修剪
	50%多菌灵可湿性粉剂	800倍液喷雾	• 冬春季清园、清毒
	80%代森锰锌可湿性粉剂	500~800倍液喷雾	
	25%嘧菌酯（阿米西达）悬浮剂	800~1 500倍液喷雾	
	50%烯酰吗啉（安克）可湿性粉剂	1 000~2 000倍液喷雾	
炭疽病	70%甲基硫菌灵可湿性粉剂	1 000倍液喷雾	• 加强管理
	50%多菌灵可湿性粉剂	800倍液喷雾	• 冬春季清园
	45%咪鲜胺水乳剂	1 500~2 000倍液喷雾	
	10%苯醚甲环唑（世高）水分散粒剂	800~1 000倍液喷雾	
藻斑病	30%氧氯化铜悬浮剂	600倍喷雾	• 加强栽培管理
	77%杀得可湿性粉剂	600~800倍液喷雾	• 采后及时修剪
	0.5%石灰等量式波尔多液		• 冬季清园
煤烟病	10%吡虫啉可湿性粉剂	1 500~2 000倍液喷雾	• 防除刺吸式口器害虫
	48%乐斯本乳油	1 000倍液喷雾	• 修剪
	50%多菌灵可湿性粉剂	600~800倍液喷雾	
叶斑病	30%氧氯化铜悬浮剂	600倍喷雾	• 加强管理
	50%咪鲜胺锰络合物可湿性粉剂	1 500倍喷雾	• 修剪
	45%三唑酮福美双可湿性粉剂	600倍喷雾	• 冬春季清园
	50%多菌灵可湿性粉剂	600~800倍喷雾	

(续表)

防治对象	农药名称	使用方法	其他防治
酸腐病	采前喷70%硫菌灵加75%百菌清（1:1）	1 000~1 500倍液喷雾	● 加强荔枝椿象、蒂蛀虫防治 ● 无伤采果 ● 冬季清园
	50%施保功可湿性粉剂	1 000~1 500倍液喷雾	
荔枝椿象	2.5%高效氯氟氰菊酯（功夫）乳油	1 500~2 000倍液喷雾	● 释放平腹小蜂 ● 人工捕杀越冬成虫或卵块
	2.5%溴氰菊酯（敌杀死）乳油	1 500~2 000倍液喷雾	
	10%氯氰菊酯乳油（灭百可）	1 500~2 000倍液喷雾	
蒂蛀虫	52.25%农地乐乳油	1 000~1 500倍液喷雾	● 控冬梢，减少虫源 ● 保护利用天敌寄生蜂 ● 清洁田园
	20%甲氰菊酯（灭扫利）乳油	1 500倍液喷雾	
	4.5%高效氯氰菊酯（百虫灭）乳油	1 000~1 500倍液喷雾	
	2.5%高效氯氟氰菊酯（功夫）乳油	1 000~1 500倍液喷雾	
	1.8%阿维菌素微乳剂	2 000~3 000倍液喷雾	
叶瘿蚊	15%哒螨灵乳油	1 000~1 500倍液喷雾	● 冬春季清园 ● 严格检测
	50%溴螨酯乳油	1 000~1 500倍液喷雾	
	110克/升乙螨唑悬浮剂	3 000~5 000倍液喷雾	
卷叶蛾类	苏云金杆菌乳剂（100亿孢子/毫升）	500~800倍液喷雾	● 控冬梢，减少虫源 ● 人工摘除虫苞、卵块 ● 黑光灯诱杀 ● 释放玉米螟赤眼蜂
	10%氯氰菊酯乳油	1 500倍液喷雾	
	50%辛硫磷乳油	1 000~1 500倍液喷雾	
	4.5%高效氯氰菊酯（百虫灭）乳油	1 000~1 500倍液喷雾	
	2.5%高效氯氟氰菊酯（功夫）乳油	1 000~1 500倍液喷雾	

（续表）

防治对象	农药名称	使用方法	其他防治
吸果夜蛾	2.5%高效氯氰菊酯（功夫）乳油	20倍液，甜瓜块浸后悬挂于果园	● 栽植幼虫寄主植物木防己等集中杀死幼虫 ● 黑光灯诱杀或人工捕杀 ● 套袋
	40%辛硫磷乳油		
蓟马	10%吡虫啉可湿性粉剂	2 000~3 000倍液喷雾	控冬梢，减少虫源
	3%啶虫脒（乐百衣）乳油	1 500~2 000倍液喷雾	
	25%噻虫嗪水分散粒剂	2 000~3 000倍液喷雾	
	1.8%阿维菌素微乳剂	1 000~1 500倍液喷雾	
小灰蝶	4.5%高效氯氰菊酯（百虫灭）乳油	1 000~1 500倍液喷雾	● 摘除虫果 ● 钩杀虫蛹
	2.5%高效氯氰菊酯（功夫）乳油	1 000~1 500倍液喷雾	
龟背天牛	80%敌敌畏乳油	50~100倍液注入蛀道	● 人工捕杀成虫 ● 刺杀卵粒、幼虫

附录2 龙眼主要病虫害防治要点

防治对象	农药名称	使用方法	其他防治
龙眼鬼帚病			• 栽种抗病品种和无病健壮种苗 • 实行种苗、接穗和种子免疫 • 及时剪除病枝病穗、集中烧毁 • 加强管理，提高植株抗性 • 防治荔枝蝽象和木虱等媒介昆虫，控制病害蔓延
龙眼炭疽病（于嫩梢期、花穗期、幼果期和果实后期喷雾防治）	50%多菌灵可湿性粉剂	600~800倍喷雾	• 加强田间管理
	50%咪鲜胺锰络合物可湿性粉剂	1 000~2 000倍喷雾	
	70%甲基托布津可湿性粉剂	600~800倍喷雾	
	75%百菌清可湿性粉剂	600~800倍喷雾	
	0.5%波尔多液	喷雾	
龙眼叶斑病（于夏秋季喷雾防治）	50%多菌灵可湿性粉剂	800倍喷雾	• 及时剪除病叶、清除地面落叶，集中烧毁 • 加强管理，提高植株抗性
	75%百菌清可湿性粉剂	1 000倍喷雾	
	30%氧氯化铜悬浮剂	400~600倍喷雾	
	70%甲基托布津可湿性粉剂	600~800倍喷雾	
煤烟病	0.5%等量式波尔多液	喷雾	• 及时控制蚧类、白蛾蜡蝉、叶蝉、蚜虫等同翅目害虫
	30%氧氯化铜悬浮剂	400~600倍液喷雾	

(续表)

防治对象	农药名称	使用方法	其他防治
藻斑病	30%氧氯化铜可湿性粉剂	400~600倍液喷雾	● 清除病叶，集中烧毁 ● 加强管理，改善果园通风透光条件和植株长势
	1%等量式波尔多液	喷雾	
地衣 (主要于春季防治)	30%氧氯化铜悬浮剂	400~600倍液于枝干喷雾	● 用10%~15%石灰乳涂抹 ● 加强管理改善果园通风透光条件和植株长势
龙眼酸腐病	采前喷25%咪鲜胺乳油	500~600倍液喷雾	● 清除落果，集中烧毁 ● 注意防治荔枝椿象、蒂蛀虫等虫害，避免虫伤
	采前喷50%施保功可湿性粉剂	1 000~1 500倍液喷雾	
龙眼采后其他病害	25%咪鲜胺乳油	500~600倍液采前田间喷雾，250~500倍液采后浸果	● 加强田间管理，降低果实病原菌潜伏侵染程度 ● 注意防治荔枝椿象、蒂蛀虫等虫害，避免虫伤
	50%咪鲜胺锰络合物可湿性粉剂	1 000~2 000倍液采前果园喷雾，500~1 000倍液采后浸果	
	45%噻菌灵悬浮剂	300~500倍液浸果	

(续表)

防治对象	农药名称	使用方法	其他防治
龙眼角颊木虱	2.5%三氟氯氰菊酯乳油	3 000~5 000倍液喷雾	● 加强栽培管理，促使梢期一致，便于防治 ● 控制冬梢抽生
	20%吡虫啉剂	3 000~5 000倍液喷雾	
蓟马类 (于新梢抽生初期喷雾防治)	2.5%多杀霉素	1 000~2 000倍液喷雾	● 加强栽培管理，使梢期一致，以利于防治 ● 人工释放钝绥螨 ● 田间保留或扩种藿香蓟等杂草，保护捕食螨等天敌繁衍
	20%吡虫啉乳剂	3 000~5 000倍液喷雾	
	80%辛硫磷乳油	1 000~1 500倍液喷雾	
龙眼亥麦蛾 (于新梢抽生初期喷雾防治)	10%顺式氯氰菊酯乳油	1 000~2 000倍液喷雾	● 结合修剪清除虫害枝梢，清除虫害落果，减少虫源数量
	2.5%三氟氯氰菊酯乳油	3 000~5 000倍液喷雾	
	50%辛硫磷乳油	1 000~1 500倍液喷雾	
金龟子	90%敌百虫晶体	800~1 000倍液于成虫盛发期傍晚喷雾	● 人工摇动枝叶捕杀
	50%辛硫磷乳油	1 000~1 500倍液浇灌根部	
于幼蚧孵化高峰期喷雾防治	52.25%农地乐乳油	1 000~1 500倍喷雾	● 结合修剪清除有虫枝叶
	20%吡虫啉乳剂	3 000~5 000倍喷雾	